油田应用化学

YOUTIAN YINGYONG HUAXUE

主编■陈 勇

石油大学出版社

内容提要

"油田化学"是一门以石油工程(如石油工程、钻井工程以及采油工程)、化学(如无机化学、有机化学、物理化学、表面及胶体化学和高分子化学与物理等)、化工(流体输送、传热传质以及化学反应工程等)为基础,并涉及环境保护以及微生物学等多种学科知识的新兴应用型交叉学科。由于"油田化学"贯穿于整个石油工业生产过程,在油气田钻探开采、集输以及销售及石油工作者占据极为重要的位置。

本书可作为石油工程相关专业油田化学课程的专业教材,也可作为石油工作者参考用书。

图书在版编目(CIP)数据

油田应用化学/陈勇主编. —重庆:重庆大学
出版社,2016.12
ISBN 978-7-5689-0273-1

Ⅰ.①油… Ⅱ.①陈… Ⅲ.①油田—应用化学
Ⅳ.①TE39

中国版本图书馆 CIP 数据核字(2016)第 298941 号

油田应用化学

主 编:陈 勇
策划编辑:周 立

责任编辑:文 鹏 姜 凤   版式设计:周 立
责任校对:邹 忌   责任印制:赵 晟

*

重庆大学出版社出版发行
出版人:易树平
社址:重庆市沙坪坝区大学城西路 21 号
邮编:401331
电话:(023) 88617190 88617185(中小学)
传真:(023) 88617186 88617166
网址:http://www.cqup.com.cn
邮箱:fxk@ cqup.com.cn(营销中心)
全国新华书店经销
重庆开光电力印务有限公司印刷

*

开本:787mm×1092mm 1/16 印张:11 字数:261 千
2017 年 1 月第 1 版 2017 年 1 月第 1 次印刷
印数:1—2 000
ISBN 978-7-5689-0273-1 定价:28.00 元

前　言

　　油田化学研究的主要内容是在石油的勘探、开发、生成过程中所发生的和可能发生的各种化学问题。它是无机化学、有机化学、物理化学、分析化学、表面化学及化工原理等化学学科与地质学、岩矿学、流体力学、渗流力学、油藏工程、油藏物理、钻井工程、采油过程等石油工程学科的交叉学科。同时，油气勘探、开发、集输过程也与油田化学相关，几乎涉及油气生产的全部过程，因此它也是一门应用性很强的综合学科。

　　本书共有11章，可分为准备知识（第1章）、钻井化学（第2~4章）、采油化学（第5~7章）及集输化学（第8~11章）4个部分。在编写过程中，针对石油专业学生化学基础知识相对薄弱，对许多化学试剂作用机理难以理解的问题，特别将油田化学中应用较多的两类化学试剂——表面活性剂与油田用高分子，单列一章专门讲解，希望能在了解化学试剂特性的基础上，顺利掌握后续内容。

　　本书在编写过程中参考大量现有资料，力图做到内容全面、紧密联系实际以提高学生学习积极性和学习效果，但油田化学涉及学科较多，且部分内容涉及化学及工程领域前沿，导致部分理论和应用内容尚需进一步研究讨论。

　　由于编者水平所限，书中谬误之处在所难免，敬请广大读者批评指正。

编　者

2017年1月

目 录

绪　论

0.1.1　油田化学的范畴

油田化学是研究油田钻井、采油和集输过程中化学问题的一门学科。其研究对象由钻井化学、采油化学和集输化学三部分组成,具体包括以下9个方面:

①钻井液、完井液的性能及其控制与调节;

②钻完井过程中应用化学方法进行储层保护的技术;

③化学驱油技术;

④油藏的化学改造(如酸化、压裂、调剖堵水等);

⑤油、水、气井的化学改造(如防蜡、防砂、气井排水等);

⑥原油钻、采、输过程中的化学防腐技术;

⑦油田水的化学处理技术;

⑧油气集输过程中的化学处理技术;

⑨油田用化学试剂的研制、合成、分析等技术。

0.1.2　油田化学的特点

首先,油田化学是一门涉及多个学科的交叉学科。它主要涉及两个方面:一是石油地质学、钻井工程、油藏工程、采油工程、流体力学、渗流力学、集输工程等工程学科;二是无机化学、有机化学、分析化学、物理化学、表面化学、胶体化学等化学学科。涉及面广,应用难度深。

其次,油田化学的研究内容包括3个方面:一是油气生产过程中存在问题的化学本质;二是解决该问题的化学试剂;三是所使用化学试剂的作用机理和协同效应。

最后,由于油气开发属于技术密集、资金密集型行业,其风险性较高,而油田应用的化学试剂种类繁多、易造成油气藏损害,故对油田化学试剂的研制及使用提出了较高的要求,一般其研制和试验周期较长。

0.1.3　油田常用的化学试剂

油田化学试剂种类繁多,各国采用了不同的划分标准。如俄罗斯将其分为无机化合物、有机化合物、高分子化合物和表面活性剂4个大类。美国石油工业学会(API)在其出版的《油田化学》文摘中将油田化学试剂分为钻井液类、完井和增产液类、采油化学品和提高采收率用化学品 4 类。

油田化学在解决钻井、采油和集输 3 个过程所用到的化学试剂有许多在化学分类上是同一类,如钻井液中用到的增黏剂和化学驱油中聚合物都属于高分子化合物,乳化和破乳剂都属于表面活性剂等。除了通用的一些无机盐、不溶性矿物质、酸和碱之外,油田所用的化学试剂最常见的就是聚合物高分子和表面活性剂。故我国从实用性、科学性的角度,制定了石油行业标准《油田化学剂类型代号》(SY/T 5822—1993),将油田用化学试剂分为 6 个大类,即通用化学试剂、钻井用化学试剂、油气开采用化学试剂、提高采收率化学试剂、油气集输化学试剂、水处理化学试剂。

0.1.4 油田化学技术的应用及发展

油田化学是石油工程专业中的一门主要课程,其应用性、实用性强。美国各大学石油工程专业教学计划中化学类课程学时占整个学时总数的 10% 左右,而我国仅占总学时的 5%,相差甚大。实际上,在实际工作中油田化学广泛的适用性体现的十分明显。例如,钻井出了问题,人们首先想到的是钻井液;采油出了问题,对油层和油层改造,首先想到的是各种化学剂。例如,以前压裂是水力压裂,现在已开发出一种新的压裂方式——高能气体压裂,即爆炸压裂。成本低,对深井压裂有效。我国目前的原油采收率较低,大约一次采油(依靠地层能量即油气本身压力采出石油)采收率小于 15%。二次采油即注水注气采油,采收率约为 35%,我国平均采收率为 36.36%。而三次采油即以化学剂为中心,靠化学—物理的作用来驱油,采收率可达70% ~95%。由此可见,油田化学对于解决油田实际工作中的问题十分重要。

油田化学这一新兴学科出现于 20 世纪五六十年代。此后,油田化学剂的开发和利用日益受到石油行业的关切和重视。例如,在世界范围内,在 70 年代中期总销售额达 8 亿美元,到80 年代初期总销售额达 20 亿美元,到 80 年代末期总销售额达 30 亿美元。近年来,油田化学品发展迅速,仅美国 2013 年消费额已达 107 亿美元,预计 2015 年将达 120 亿美元。

我国油田化学工作起步较晚。到 20 世纪 80 年代初期,才出现蓬勃发展的趋势。但与石油先进国家相比,油田化学剂的应用水平有还相当大的差距。例如,美国每采出 1 t 原油大约投入各种油田化学剂 21 kg,而我国为 3.88 kg。这些油田化学剂包括钻井、完井、采油、集输等作业中所用的各种油田化学剂。

从近几年的发展来看,油田化学研究呈现出以下几种趋势:

①随着其他学科的发展而发展,新的体系、化学剂日益增多。例如,泥浆从以前的阴离子体系发展到现在的阳离子、复合离子体系,甚至也出现了以混合层金属氢氧化物为主的正电胶体系。这都是借鉴了其他学科的成果。

②保护油层的化学剂日益受到重视。这类化学剂是一批新型化学剂,可用在钻井液、注水等系统中,减少对油层的损害。

③提高采收率用剂所占份额日益增多。例如,到 2000 年大庆油田通过各种提高采收率的方法稳产 5 300 万 t。除加密井网、老井侧钻等方法外,主要依靠油层改造的方法来达到提高采收率稳产的目的。目前,大庆已建成了年产 3 万 t 聚丙烯酰胺的生产厂,可提供聚合物驱使用的大分子量聚丙烯酰胺。

由此可知,油田化学在石油工业中的作用十分重要的,并且发展迅速,特别是对于我国东部各主力油田,都已进入开发的中后期,其开发难度逐渐加大,而对于西部油田及重庆涪陵页岩气,由于自然条件恶劣,地层条件复杂,开发难度大,这都对油田化学技术提出 了更高、更难、更迫切的要求,因此,大力发展我国油田化学技术是势在必行的。

第1章
表面活性剂与油田用高分子

表面活性剂和油田用高分子是油田化学中最常见、应用范围广、种类繁多的两大类化学试剂。在研究钻井、采油和油气集输化学之前,有必要了解这两类化学试剂的性质与作用。

1.1 表面活性剂的定义与分类

1.1.1 表面活性剂的定义及分子结构特点

表面活性剂是少量存在就能显著降低溶剂表面张力的物质(Surfactant or Surface Active A-gent,SAA 或 SAa)。

根据溶质浓度与溶液表面张力的关系,可将溶质分为以下 3 类:

①表面张力随溶质浓度增大而略有上升(图 1.1 中曲线 1),如 NaCl、HCl 等。

②表面张力随溶质浓度增大而下降(图 1.1 中曲线 2),如乙醇等低分子醇类。

③表面张力在稀溶质浓度时显著下降(图 1.1 中曲线 2),如烷基磺酸盐等。

故按定义,只有第三类物质才是表面活性剂,而第二类物质称为表面活性物质,如甲醇、乙醇、乙二醇等。

表面活性剂之所以可以降低溶液表面张力,是由于其分子结构具有两亲性,即活性剂分子由亲水的极性基团和亲油的非极性基团两部分组成。图 1.2 为十二烷基季铵盐的两亲性示意图。

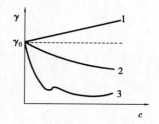

图 1.1 表面张力-溶质浓度曲线

1.1.2 表面活性剂的分类

表面活性剂的种类繁多,分类方法也有多种,最常见的是极性基团种类分类,如图 1.3 所示。

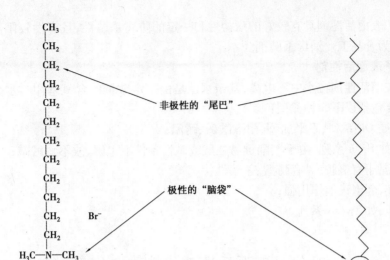

图1.2　十二烷基季铵盐的两亲性

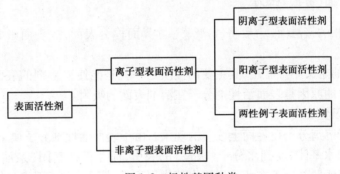

图1.3　极性基团种类

1）阴离子表面活性剂

阴离子表面活性剂在水中可以电离,电离后起活性作用的部分是阴离子。所谓起活性作用指的是能显著降低溶剂的表面张力和改变表面状态的能力。

阴离子表面活性剂可用于起泡、乳化、防蜡、水井增注、提高采收率等,在油田中应用较广。

2）阳离子表面活性剂

阳离子表面活性剂在水中可以电离,电离后起活性作用的部分是阳离子,绝大部分是有机胺的衍生物。这类表面活性剂的水溶液具有相当强的杀菌能力,可作为杀菌剂、防腐剂、缓蚀剂、黏土膨胀抑制剂等,在油田中应用不如阴离子表面活性剂广泛。

3）两性离子表面活性剂

两性离子表面活性剂起活性作用的部分带有两种电学性质,如十二烷基二甲基甜菜碱,为阳离子、阴离子表面活性剂,其结构式如下:

$$C_{12}H_{25}-\overset{\overset{\displaystyle CH_3}{|}}{\underset{\underset{\displaystyle CH_3}{|}}{N^+}}-CH_2COO^-$$

两性离子表面活性剂具有较好的耐盐性和一定的防腐杀菌性,且毒性较阳离子表面活性剂弱,故可作为食品工业消毒杀菌剂。

4)非离子表面活性剂

非离子表面活性剂在水中不电离,其亲水性是由一定数量的含氧基团与水分子形成氢键而产生。主要包括以下 5 种类型:

①醚型,如 OP 系列、平平加型、耐强酸碱、耐温;

②酯型,如 Span 系列,由于其酯键易在酸或碱性条件下水解,故不耐酸碱;

③胺型,属于有机胺,具有耐酸、杀菌性;

④酰胺型,起泡稳泡作用强;

⑤混合型,如 Tween 系列。

1.2 表面活性剂的性质与作用

1.2.1 降低表面(界面)张力

所谓界面即两相的接触面,一般将气-液、气-固界面称为表面,故表面张力实际上是指气液两相的界面张力。

由表面活性剂的定义不难看出,其主要的性质之一就是能使得溶剂的表面张力大幅度的降低,导致这一现象的原因是表面活性剂分子在溶剂表面的吸附。

1)吸附的定义及量化

所谓吸附,是指溶剂分子在界面上浓集的现象。由于表面活性剂分子属于两亲性分子,其分子中极性基团(亲水基团)受到水分子(极性)的吸引,而非极性基团(亲油基团)则受到水分子的排斥,故表面活性剂分子在两种作用力的作用下,更倾向于排列在溶剂的表面(气液界面)。表面活性剂分子在溶剂表面的浓集,取代了原本分布在气液界面的溶剂分子,现成了新的气液界面,改变了表面分子所收到的不对称力,降低了表面自由能,使得两相的极性差减小,从而降低溶剂表面(气液界面)的张力。

一般用吸附量衡量吸附程度。吸附量的大小对于气-固、气-液、液-固两相的吸附可直接测得,但对于液-液相的吸附不易直接测定,而是通过界面性质与活性剂浓度间的关系推算,计算公式为吉布斯(Gibbs)吸附公式,对于只有一种溶质的稀溶液或非离子表面活性剂溶液,吸附公式为:

$$\Gamma = -\frac{1}{RT}\left(\frac{\mathrm{d}r}{\mathrm{d}\ln c}\right)_T = -\frac{c}{RT}\left(\frac{\mathrm{d}r}{\mathrm{d}c}\right)_T$$

式中　Γ——吸附量,即表面浓度,mol/m^2;

　　　R——气体常数,8.315 $J/(mol \cdot K)$;

　　　r——表面张力,N/m^2;

　　　c——溶液浓度,mol/L;

　　　T——绝对温度,K;

　　　$\left(\dfrac{\mathrm{d}r}{\mathrm{d}\ln c}\right)_T$——恒温下,表面张力随浓度自然对数增加的变化率。

由吸附量公式可知,随着表面活性剂浓度的增加,表面张力逐渐下降,$\left(\dfrac{\mathrm{d}r}{\mathrm{d}\ln c}\right)_{\mathrm{T}}$为负值,而$\Gamma>0$,证明表面活性剂在溶剂表面富集。吉布斯吸附公式只适用于低浓度范围($c<cmc$)。

影响吸附量的因素主要有:

①活性剂亲水基团水化后的截面积影响饱和吸附量;

②亲油基团亲油性越强,吸附量越大;

③溶剂中的电解质及温度;

④活性剂浓度越大,吸附量越大,当$c>cmc$时,活性剂分子发生缔合,吸附达到饱和。

2)胶束及临界胶束浓度

所谓胶束,是指由表面活性剂分子在溶剂中所现成的分子聚集体(分子缔合体),如图1.4所示,胶束的内部是与溶剂分子极性相反的活性剂分子基团,而胶束的外部则是与溶剂分子极性相近的活性剂分子基团。因此,胶束这一分子聚集体所受溶剂分子的排斥作用极低。

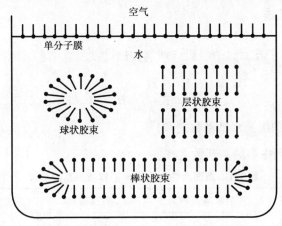

图1.4 表面活性剂分子在水中的排列形式

而临界胶束浓度cmc,即表面活性剂在溶液中开始明显形成胶束的浓度。cmc不是一个固定的数值,而是一个范围。当表面活性剂浓度达到cmc时,溶液的各项性质发生突变,其去污能力、导电率上升极快,界面张力下降显著。表面活性剂的cmc一般很低,为$0.02\%\sim0.4\%$。

cmc可以看作表面活性剂活性的量度,cmc越低,表明表面活性剂形成胶束所需的浓度越低,起活性作用所需浓度越低(一般活性剂使用浓度都要大于cmc)。cmc取决于活性剂的分子结构,规律如下:

①同系物中,C链越长,cmc越低;

②R碳链相同,非离子表面活性剂的cmc远小于离子型表面活性剂;

③R碳链相同,非离子表面活性剂亲水基中聚氧乙烯基的聚合度越大,cmc越大;

④R碳链相同,表面活性剂中亲水基团增加,cmc增加;

⑤亲水基团相同,亲油基团C原子数相同的表面活性剂中,亲油基团有支链的cmc较大。

1.2.2 溶解性(溶剂为水相)

由表面活性剂分类不难发现,离子型表面活性剂都属于盐类,故其溶解度都随温度的上升而增加,但离子型表面活性剂的溶解度会在温度达到某一临界温度后迅速上升,这一温度称为卡拉夫特温度点(Kraft-point)。这主要是由于,当温度达到卡拉夫特温度点后,离子型表面活性剂分子在溶液中形成特殊的分子聚集体——胶束,此时受到的溶剂分子的排斥作用最低,故其溶解度迅速增大。

而非离子表面活性剂的溶解度随温度变化的趋势与离子型表面活性剂相反,其溶解度随温度的上升基本不变(或略有上升),但当温度达到某一临界温度后迅速下降,溶液发生浑浊,这一温度称为浊点(Cloud-point)。这主要是由于非离子表面活性剂的亲水性主要来源于其极性基团与水分子形成的氢键作用,当温度升高后氢键由于分子热运动的加剧而断裂,此时非离子表面活性剂的亲水性消失,故而从液相中析出,导致溶液浑浊。

1.2.3 亲水亲油性(HLB 值)

由美国 Atlas 实验室在实验基础上创立的 HLB 值用来表现活性剂亲水性的强弱;HLB 值越大,亲水性越强;反之,亲水性越小。

1)HLB 值的计算方法

(1)基数法

基数法适用于阴离子及非离子表面活性剂。通过试验总结各基团的特点,用基数表示,见表1.1。计算公式为:

$$HLB = 7 + \sum H - \sum L$$

式中 $\sum H$——活性剂中亲水基基数之和;

$\sum L$——活性剂中亲油基基数之和。

表 1.1 表面活性剂中亲水基和亲油基的基数

亲水基	亲水基基数 H	亲油基	亲油基基数 L
—OSO_3Na	38.7	—CH—	0.475
—COOK	21.1	—CH_2—	0.475
—COONa	19.1	—CH_3	0.475
—SO_3Na	11.0	=CH—	0.475
—COOR	2.4	—CF—	0.870
—COOH	2.1	—CF_2—	0.870
—OH	1.9	苯环	1.622
—O—	1.3	(—$CH_2CH_2CH_2O$—)	0.15
(—CH_2CH_2O—)	0.33		

(2)基团质量法

基团质量法适用于计算聚氧乙烯型和多元醇型非离子表面活性剂的 HLB 值,计算公式为:

$$HLB = \frac{亲水基的相对分子质量}{活性剂的相对分子质量} \times 20$$

（3）混合表面活性剂 HLB 值的计算

不同类型的表面活性剂具有协同效益，故往往混合使用（除阴、阳离子表面活性剂外，以避免混合后沉淀），这就需要计算混合表面活性剂的 HLB 值，计算公式为：

$$HLB = \frac{aW_A + bW_B + \cdots}{W_A + W_B + \cdots}$$

式中　a、b、…——不同表面活性剂的 HLB 值；

$\quad\quad$ W_A、W_B、…——不同表面活性剂的质量。

若已知混合表面活性剂的各组分质量比一定，只有一种活性剂 HLB 值未知，则可通过上式求出其 HLB 值。

（4）乳化标准油实验法

乳化标准油实验法由美国 Atlas 实验室提出，通过实验方法确定未知表面活性剂的 HLB 值（见表 1.2），具体做法如下：

①通过规定已知的亲油表面活性剂和亲水表面活性剂的 HLB 值（油酸为 1，油酸钠为 18），按不同质量比混合这两种表面活性剂，得到不同 HLB 值的混合表面活性剂；

②再用各混合表面活性剂乳化各种油相，形成最稳定的乳状液的混合表面活性剂的 HLB 值，即为乳化该油相所需的 HLB 值；

③将未知表面活性剂与已知 HLB 值的表面活性剂按一定比例混合，乳化各标准油相形成稳定的乳状液，得到混合活性剂的 HLB 值，再通过方法（3）计算出未知活性剂的 HLB 值。

表 1.2　常见油相乳化所需的 HLB 值

油　相	乳化所需的 HLB 值		油　相	乳化所需的 HLB 值	
	W/O	O/W		W/O	O/W
煤油	—	12.5	微晶蜡	—	9.5
重矿物油	4	10.5	石蜡	4	9.0
轻矿物油	4	10.0	沥青	—	12～14
石蜡油	4	10.5	石油	4～5	10～12

2）HLB 值的应用

HLB 值除了代表活性剂的亲水性强弱外，还可作为选用表面活性剂的参考标准。表 1.3 列出了不同应用途径与 HLB 值的关系。

表 1.3　表面活性剂 HLB 值与应用的关系

HLB 值	应　用	HLB 值	应　用
1.5～3	消泡剂	12～15	润湿反转剂
3～6	W/O 乳化剂	13～15	洗涤剂
7～18	O/W 乳化剂	15～18	增溶剂

1.2.4　润湿反转

润湿现象即液体在固体表面上的铺展或流散现象。液体能否润湿某一固相，是通过润湿

角 θ 来判断的,$0° < \theta < 90°$ 为润湿,$\theta > 90°$ 为非润湿。

润湿反转作用是指表面活性剂使得固相表面的润湿性向相反方转化的作用。使得固相表面润湿性发生反转的表面活性剂称为润湿反转剂或润湿剂。润湿反转作用的机理仍然是由于表面活性剂的定向吸附,如图1.5所示。

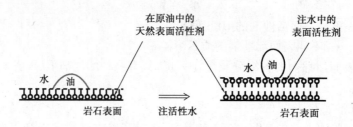

图 1.5　润湿反转示意图

化学驱油、防蜡、防垢、缓蚀等油田作业都应用到润湿反转作用。

1.2.5　乳化与破乳

乳化作用是指使两种原本互不相溶的液体形成具有一定稳定性的分散体系。该分散体系中,一种液体以液滴的形式分散在作为连续相的另一液相中。乳状液液珠的直径一般为0.1～100 μm。乳状液根据连续相的不同,分为油包水型(W/O)和水包油型(O/W),例如,含水原油和含油污水。

具有使得乳状液形成作用的表面活性剂称为乳化剂。相反,能使得已经生成的乳状液破乳的表面活性剂称为破乳剂。乳化剂的乳化作用是由于表面活性剂在液-液界面上的吸附,这导致两个结果:一是降低两相间的界面张力,使得乳状液易于形成;二是活性剂吸附所形成的界面膜,使得分散的液珠难以聚并(离子型表面活性剂形成双电层)。这两个结果是乳化剂的作用机理。而破乳剂虽同属表面活性剂,其吸附会取代原本的乳化剂分子,提高界面张力,降低界面膜强度,使得液滴易于聚并、两相分层。

油田常用表面活性剂作为乳化剂或破乳剂,进行原油破乳、污水处理、乳化压裂、稠油乳化降黏、乳状液驱油等作业。

1.2.6　起泡与消泡

泡沫是气体分散在液相中的分散体系(也有气体分散在固相中的分散体系,如泡沫塑料、泡沫混凝土)。该分散体系由多个气泡的聚集,表面活性剂的起泡作用是使得泡沫易于形成,且具有一定的稳定性。具有起泡作用的表面活性剂即起泡剂。

起泡作用也是由于表面活性剂分子在气液界面上的吸附,一方面,吸附降低了气液界面的界面张力,使得气液界面易于延展,泡沫易于形成;另一方面,表面活性剂的吸附,在界面上形成了具有一定强度的界面膜,可减缓气泡的合并,使得泡沫更加稳定。而消泡剂虽同属表面活性剂,其吸附会取代原本的起泡剂分子,使得界面张力上升,降低界面膜强度,使得气泡易于聚并、气液相分离。

油田上用起泡剂应用于泡沫压裂、泡沫驱油、泡沫堵水等,而消泡剂则作用于泡沫原油处理、产出液处理等。

1.2.7　增溶

增溶作用(加溶作用,solubilization)指表面活性剂形成胶束后,使得难溶物的溶解度显著增加的作用。增溶作用与胶束的形成密切相关,只有当浓度达到 cmc 后才产生增溶作用,表面活性剂浓度越高,形成的胶束越多结构越复杂,增溶效果越明显。

增溶作用的4种可能方式如下所述:

①难溶物"溶"于胶束内部,对于无极性的有机物即是如此。

②有机物分子与表面活性剂分子一起穿插排列形成胶束而溶解,适用于具有极性的长链有机物。

③有机物以"吸附"于胶束"表面"的形式溶解,某些既不易溶于水也不易溶于有机溶剂的有机物,如苯二甲酸二甲酯及一些染料。

④有机物被包裹在非离子胶束的聚氧乙烯"壳"中而溶解,这是非离子表面活性剂的特殊增溶形式。

增溶作用与胶束密切相关,故影响临界胶束浓度(critical micelle concentration)的因素与影响增溶作用的因素相似,主要包括以下4个方面:

①极性化合物较非极性化合物容易增溶;

②芳香族化合物较脂肪族化合物易于增溶;

③有支链的化合物较直链化合物易于增溶;

④添加电解质,增溶作用增强。

1.3　常用的表面活性剂

1.3.1　阴离子表面活性剂

1)烷基磺酸钠

C 数在 12 ~ 18 的烷基磺酸钠(RSO_3Na, AS)水溶性强,且其钙盐和镁盐的水溶性也很好,故可用于硬水中而不产生沉淀,但随着烷基的 C 原子数目增加水溶性减小,当 C 数大于 20 时,烷基磺酸钠变为油溶性活性剂。

烷基磺酸钠在油田广泛应用于起泡剂、乳化剂、润湿剂、近井地带处理剂、胶束配制等,在使用时应注意其实际浓度,工业上常将 25% ~ 28% 的烷基磺酸钠浓缩为 65% 以上的浆状物。

2)烷基苯磺酸钠

烷基苯磺酸钠($R—C_6H_4-SO_3Na$, ABS)的工业品浓度为 20% ~ 30%,具有代表性的是十二烷基苯磺酸钠,其性质与十六烷基磺酸钠相似,实验证明,一个苯环相当于烷基中 4 个 C 原子的作用。其性质如下:外观为白色固体(纯),浓度为 20% ~ 30% 时为浅黄色糊状液体,1% 的水溶液的 pH 值为 9.5,易溶于水,难溶于油。

1.3.2　非离子表面活性剂

1)Span 型表面活性剂

Span 型表面活性剂是由脂肪酸与山梨糖醇通过酯化反应生成,在酯化的同时山梨糖醇发生分子内脱水成酐,反应的最终产物为山梨糖醇酐脂肪酸酯。

不同的脂肪酸可与山梨糖醇中不同数目的羟基反应,得到山梨糖醇酐单脂肪酸酯、二脂肪酸酯、三脂肪酸酯,故有不同的 Span 型表面活性剂,具有油溶性,可在水中分散。

2)Tween 型表面活性剂

Tween 型表面活性剂是 Span 与环氧乙烷反应的产物,不同的 Span 型表面活性剂与不同的环氧乙烷的聚合度,可得到不同的 Tween 型表面活性剂,由于其中含有聚氧乙烯基团,其亲水性强于 Span 型表面活性剂。

3)聚醚型表面活性剂

聚醚型表面活性剂的亲油基团是由环氧丙烷(PO)聚合而成,实验表面 PO 的相对分子质量超过 800 即具有亲油性,在 PO 两端接上环氧乙烷(即氧乙烯基 EO)即可得到既亲油又亲水的聚醚型高分子表面活性剂。

例如,常见的一种聚醚型高分子表面活性剂 2070,其代号"20"代表亲油部分聚氧丙烯丙二醇的相对分子质量为 2 000,亲水基团相对分子质量占总相对分子质量的 70%。其性质为:黄色蜡状固体,1% 水溶液的浊点为 89 ℃。这类表面活性剂主要用作破乳剂、乳化剂、防蜡剂、降阻剂等。

1.3.3　双子表面活性剂

双子表面活性剂(Gemini surfactant)是一类具有特殊分子结构的表面活性剂,其分子是由联结基团(spacer)通过化学键连接两个表面活性剂单体的离子头基构成的。因为其结构的特殊性从而使其具有特殊的微观结构形态,具有特殊的性质及用途。

1)阳离子双子表面活性剂

阳离子双子表面活性剂合成及纯化较易,合成品种相对丰富,其中季铵盐型的合成产品最多,包括对称双季铵盐与不对称双季铵盐,其生物降解性好、毒性低。但由于地层岩石多带负电荷,导致阳离子双子表面活性剂地层吸附严重。

2)阴离子双子表面活性剂

阴离子双子表面活性剂常见的有硫酸酯型、磺酸盐型、羧酸盐型、磷酸酯型。其中,羧酸盐型双子表面活性剂因其溶解性及抗硬水能力较差,应用范围较窄,可通过引入酰胺官能团改善其溶解性及抗硬水能力。

磺酸盐型及硫酸酯型双子表面活性剂水溶性较好,且原料来源广泛,实现大规模工业化生产的可能性较大。

磷酸酯型双子表面活性剂与天然磷脂有类似结构(天然磷脂具有双链单极性头结构),易于形成反向胶束、囊泡等缔合结构,可应用在生命科学、药物载体等方面。

3)非离子双子表面活性剂

非离子双子表面活性剂在水中不会离解为离子,故稳定性高,不易受酸、碱、盐的影响,相容性好,可与其他类型的表面活性剂混用,在有机溶剂、水中均能溶解,耐硬水能力强,在固体表面可强烈吸附。

非离子双子表面活性剂的合成较阳离子、阴离子双子表面活性剂复杂,现有的合成物多为糖类衍生物、醇醚化合物及酚醚化合物。非离子糖类衍生物表面活性剂能改善地表水的性能、减少对环境的影响,可用于制药业和生物医学。醇醚及酚醚非离子双子表面活性剂是非常好的润湿剂,适用于高档涂料、农药等。但由于非离子双子表面活性剂价格较高、易发生浊点效应,故未大规模应用。

4)两性双子表面活性剂

两性双子表面活性剂是指由阳离子部分和阴离子部分组成的双分子表面活性剂,其在水溶液中会在分子内形成内盐。在不同 pH 值环境中呈酸或碱性,当溶液 pH 值达到等电点时,两性双子表面活性剂呈电中性,此时活性最低。

两性双子表面活性剂耐酸、碱、盐,可在较宽的 pH 值范围内使用,也可与其他类型的表面活性剂混合使用,并起到良好的相容性和协同效应。

两性双子表面活性剂的阳离子部分通常是铵盐或季铵盐,阴离子部分可以是磺酸盐、羧酸盐、硫酸酯盐等。

双子表面活性剂具有一系列的优势,例如,加入 ASP 三元复合驱体系中,可替代其中的碱剂,以防止对地层造成伤害、降低界面张力、克服驱油体系色谱分离现象;同时双子表面活性剂还具有较强增黏能力,可在降低界面张力的同时,调节驱油体系的流度,同时增加洗油效率和波及系数,其应用潜力巨大。

1.3.4　黏弹性表面活性剂

能使得水溶液形成黏弹性流体的表面活性剂称为黏弹性表面活性剂。其实质是一种新型阳离子双子表面活性剂,在水中易于形成蠕虫状胶束而使得水溶液具有黏弹性。目前已确认的黏弹性表面活性剂包括季铵盐阳离子表面活性剂、甜菜碱表面活性剂等,组成该表面活性剂的阳离子季铵盐和长链甜菜碱结构式,如图 1.6 所示。

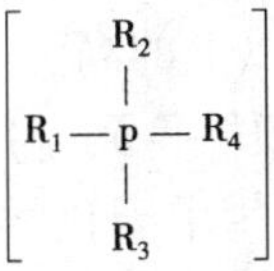

$$\left[\begin{array}{c} R_2 \\ | \\ R_1 - p - R_4 \\ | \\ R_3 \end{array} \right] \qquad \begin{array}{c} R_2 \\ | \\ R_1 - N^+ - CH_2 - COO^- \\ | \\ R_3 \end{array}$$

$\qquad$ **(a)季铵盐** 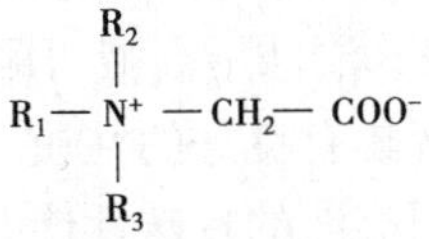 $\qquad\qquad$ **(b)长链甜菜碱**

图 1.6　阳离子季铵盐和长链甜菜碱结构式

通常表面活性剂浓度高于 cmc 时,表面活性剂分子在溶液中形成球状胶束,这种溶液的黏度很低,基本与溶剂的初始黏度相当。黏弹性表面活性剂的水溶液在一定条件下,表面活性剂分子组成的球状胶束转化为棒状胶束(也被称为蠕虫状、线状或棒状大分子),该胶束具有柔韧性,通过柔性胶束间缠绕和氢键作用使得水溶液产生黏度上升的效果。

加入原有离子表面活性剂的反离子(或表面活性剂分子自身所带反离子),与表面活性剂缔合,可形成线型棒状胶束,这些反离子通常具有一定的疏水性,一般为亲油性表面活性剂分子或助表面活性剂分子,如水杨酸钠、苯磺酸盐、三卤代醋酸盐。

1）黏弹性表面活性剂溶液的组成

黏弹性表面活性剂溶液由以下 3 个部分组成：

（1）离子型表面活性剂

一般是指长链烷基季铵盐和长链烷基卤化吡啶与卤化物、硝酸盐及有机盐（如水杨酸钠、对甲基苯磺酸盐）等按一定比例混合形成的溶液，这些体系在相当低的浓度下就具有很高的黏度和显著的弹性，是目前研究最多的黏弹性表面活性剂体系。

（2）两性离子表面活性剂

一些两性离子表面活性剂即使不加别的组分也可形成黏弹性溶液，如质量分数为 1% 的十四烷基二甲基氧化胺（C_{14}DMAO）溶液的零剪切黏度可达 1×10^3 mPa·s。两性离子表面活性剂与助表面活性剂（如直链醇类）的混合体系也是黏弹性体系，如十四烷基二甲基氧化胺（100 mmol/L）和十二醇（200 mmol/L）溶液的零剪切黏度达 100 mPa·s。两性离子表面活性剂与阴、阳离子表面活性剂混合也能形成黏弹性溶液，如十八烯二甲基氧化胺（ODMAO,50 mmol/L）和十二烷基硫酸钠（SDS,5 mmol/L）溶液的零剪切黏度达 1×10^7 mPa·s，ODMAO（5 mmol/L）和 C_{14}TABr（十四烷基三甲基溴化胺,2.5 mmol/L）溶液的零剪切黏度也达 1×10^4 mPa·s。

（3）非离子表面活性剂

据文献报道,2,2-二羟乙基十二烷基胺（LDEA）与阴离子表面活性剂十二烷基硫酸钠（SDS）混合能形成黏弹性溶液（总表面活性剂浓度在 10% 以上）；非离子三甲基硅烷表面活性剂在浓度为 40% ~50% 时能形成高零剪切黏度和高弹性的体系。还有报道说,卵磷脂溶解在强极性溶剂（如水、甘油、乙二醇、甲醛）中,也能形成像聚合物链状的柔性棒状胶束,并相互缠绕形成网状结构,从而使体系有较高零剪切黏度（在 100 mPa·s 以上）和弹性。

2）黏弹性表面活性剂的特点

综上所述,黏弹性表面活性剂具有以下 4 个特点：

①易生物降解,不含有机溶剂,绿色环保,使用安全；

②分子量小,容易返排,不会对地层造成伤害；

③溶于热水,可做成浓缩液,方便现场使用；

④性能突出,做成的 VES 清洁压裂液可耐 100 ℃ 以上的高温。

黏弹性表面活性剂溶液具有良好的性质,在很多领域得到了广泛的应用。国内外石油工作者根据黏弹性表面活性剂溶液的特殊性能开发出一些用于化学驱油、酸化、压裂、修完井及砾石填充等的新型措施流体,并在部分油田得到较为成功的应用。从 2000 年开始,国内长庆油田、大庆油田、四川气田等分别引起 Schlumberger Dowell 公司的清洁压裂液,部分油气井增产效果明显。因此,黏弹性表面活性剂广泛应用于清洁压裂液、钻井液、完井液等。

1.4 油田用高分子定义与特点

随着石油开采技术的发展,在油田开采过程中越来越广泛地使用高分子化合物,例如,聚合物驱油提高原油采收率,稠化酸化、压裂,防蜡,降凝降黏等,都大量地使用了高分子化合物溶液并取得了良好的效果。

在高分子领域,常用的术语有:

(1)单体

合成高分子的原料称单体,如 $CH_2 = CH_2$。

(2)链节

聚合物分子中重复出现的简单结构单元称为链节,即构成聚合物的最基本重复单位。链节的数目称为链节数,以 n 表示。

(3)聚合度

聚合物分子所含单体单元的数目称为聚合度。若结构单元相同,则链节数就是高分子的聚合度,用 $\overline{DP}$ 表示。

(4)相对分子质量

基本链节相对分子质量与链节数的乘积,即:$\overline{M} = m \times \overline{DP}$。

1.4.1　概述

1)定义

高分子化合物是指相对分子质量从几千到上百万(甚至上千万)的化合物。一般将相对分子质量大于 10 000 并以共价键结合的化合物称为高分子化合物,简称高分子或聚合物。高分子可以是天然的,也可以是人工合成的。目前,除了酶、核酸及蛋白质以外的合成高分子称为高聚物。

2)特点

高分子化合物与低分子化合物的区别在于其相对分子质量大,例如,水的相对分子质量是 18,乙醇的是 46,而聚乙烯的相对分子质量为 $(2 \sim 20) \times 10^4$,聚丙烯酰胺的相对分子质量可达 $(1 \sim 1\ 000) \times 10^4$。正是由于其相对分子的质量较大,其分子间的作用力较低分子大。

高分子的构象比低分子多。所谓构象就是由于 C—C 单键内旋转而形成的分子空间形象。分子具有不同的构象是由于分子中的原子或基团在保持键角不变的情况下,由于 C—C 单键内旋转而形成不同的空间结构。显然,链长越长,C—C 单键越多,构象越多。

高分子还具有多分散性。所谓多分散性,指的是某物质每个分子的相对分子质量不尽相同。造成高分子具有多分散性的原因,是由于其聚合度不同,这就导致常见的高分子化合物,不是单一相对分子质量的纯净物,而是由相对分子质量不同的同系物组成的混合物。由于高分子的多分散性,高分子的相对分子质量是平均相对分子质量。

1.4.2　高分子的结构与形态

1)高分子的结构

高分子化合物是由许多链节连接而成,由于基本结构单元的化学结构不同且基本单元相互间的连接方式也不同,故单个高分子化合物具有 3 种不同的结构形式:

(1)直链型结构

由多个链节连成长链。其特点是在合适的溶剂中能溶解,升高温度可软化,并能流动。

(2)支链线型结构

在由链节连接成的高分子主链外,还有相当数量的侧链,侧链上有时还有旁支。其特点与直链型结构类似,差异性源于侧链基团的种类和数量。

（3）交联体型结构

高分子链与链之间相互交联，就形成了交联体型结构，空间网状结构。其特点是不溶于任何溶剂，最多能溶胀，熔点高于其分解温度。

高分子结构是直链型、支链线型或交联体型，主要取决于官能团的反应活性点数目及反应物料比例和反应条件。如以乙烯为原料，常温聚合得到线型聚乙烯，高压聚合得到支链线型聚乙烯。

2）高分子的形态

一般线型高分子的相对分子质量常在数十万以上，甚至达到上千万，而分子直径却很小。例如，聚异丁烯的截面直径为 5 Å，结构单元长度为 2.53 Å，链节数为 10^5 时，高分子的长度为直径的 5 万倍。这种长链高分子在溶液中主要形态有拉伸状态和无规线团状两种，具体以何种形态存在，取决于分子间作用力（主要是溶剂分子对高分子）的影响。

在良溶剂中，高分子形态舒展；在不良溶剂中，高分子形态收缩。大多数线型高分子在溶剂中的形态呈无规则线团。高分子链的大小、柔顺性也影响高分子的形态。柔顺性即高分子的长链结构和链上各键的自由旋转性，也就是高分子链旋转改变其构象的性质。主链为 C 链的高分子，或有杂链（O、S、N）较易旋转；大共轭体系（如苯环）不能内旋，刚性强；有较大侧链基团或取代基的极性较强，链的柔顺性小；交联的体型高分子无柔顺性。对于直链型高分子，相对分子质量越大，构象越多，柔顺性越大。高分子使得溶液增黏、降阻等特性都与其柔顺性相关。

1.5　高分子溶液

高分子溶液是高分子在溶剂中分散而成的分子均匀分散体系。高分子在油田中应用都是以溶液形式存在，其溶解过程、溶液性质都与常见的低分子化合物存在较大差异。

1.5.1　高分子的溶解

常见的低分子化合物的溶解是溶质分子与溶剂分子相互扩散、渗透，最后形成分子分散的均相体系。而高分子化合物的溶解分以下两个步骤：

（1）溶胀

由于高分子与溶剂分子的尺寸、相对分子质量相差悬殊，两者分子的运动速度存在数量级差别，溶剂分子能很快渗入高分子内部，使得高分子体积膨胀、质量增加。溶胀有两种类型：一种是无限溶胀，高分子无限的吸收溶剂分子，直至形成均相溶液为止，一般线型、简单的直链型高分子可以无限溶胀；另一种是有限溶胀，高分子吸收溶剂到一定程度后无论与溶剂接触多久都极少溶解或完全不溶解，交联体型高分子只能有限溶胀，若交联度较大的甚至无法溶胀。

（2）溶解

只有当高分子无限溶胀后才能形成分子分散的均相体系即溶解。并非所有高分子都可溶解于溶剂：①无定形（非结晶性）高分子，由于其分子链柔顺性好、有较多链间空隙，使得溶剂分子易于进入，使得聚集的高分子缓慢分离而溶解；②结晶性高分子，其晶格排列紧密，分子间作用力较强，溶剂分子难以进入，室温下一般不溶解。

一般而言，高分子溶解的条件如下：

①高分子结构为直链型能溶解，交联度低的高分子加热后缓慢溶解，交联度高的体型高分子不溶解。

②高分子溶解须有合适的溶剂,根据相似相溶原则,只有极性相近的溶剂,可使得高分子溶解。例如,有极性侧链基团的聚丙烯酰胺(PAM),溶于水而不溶于油,非极性的聚丙烯溶于油而不溶于水。

③分子链越长(分子质量越大),高分子自身间的内聚力越大,溶解性越小。例如,相对分子质量在 $10^5 \sim 10^6$ 的 PAM 能溶于水,而相对分子质量大于 10^7 的 PAM 在水中几乎不溶。

1.5.2　高分子溶液的流变性

流变性指的是材料在外力的作用下发生流动和形变的性质。高分子溶液的流变性可简单地划分为弹性、黏性和塑性 3 种。塑性可看成是弹性和黏性的组合,而流变性则是 3 种流变行为更复杂的组合。

1)高分子溶液的流型

根据流体的流变性,将流体分为不同的流型,高分子溶液一般属于非牛顿型流体,即剪切应力和剪切速率之比——黏度,并非常数,对应于不同剪切条件,其黏度不同,故称为表观黏度 μ_{Av}。

常见的非牛顿流体根据流变性不随时间的变化分为宾汉塑性流体、假塑性流体、胀流型流体、触变性流体和震凝型流体。

(1)宾汉塑性流体

$$\tau = \tau_0 + \gamma_a \cdot \dot{\gamma}$$

宾汉塑性流体的特点:开始受到外力作用时不流动,当外力逐渐增大到某一临界值 τ_0 时才开始流动,此临界值称为屈服值。当外力小于 τ_0 时,流体内部结构未被破坏,不能流动,只有当外力大于 τ_0 时,流体内部结构被破坏,才能流动,一旦外力再次小于 τ_0,流体内部结构恢复。流体流动后流态同牛顿流体,如钻进用的搬土泥浆、油漆、泡沫等,如图 1.7 所示。

(2)假塑性流体

假塑性流体的特点:在极低和极高的剪切速率下,其流态近似于牛顿流体;在中等剪切速率下(油田使用条件下),表观黏度随速率的增加而减小,即剪切变稀。多数高分子溶液、含蜡原油等属此类流型,它们往往还是屈服假塑性流体,这是由于大多数高分子溶液、含蜡原油在低温或高浓度时分子间会形成结构。K 值越大,高分子的增黏能力越强,n 越大越接近于牛顿流体。当 $n=1$ 时为牛顿流体,假塑性流体流变曲线如图 1.8 所示。

$$\tau = K \cdot \gamma^n \qquad (0 < n < 1)$$

式中　K——稠度系数;

　　　n——流型指数。

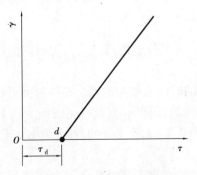

图 1.7　宾汉塑性流体流变曲线

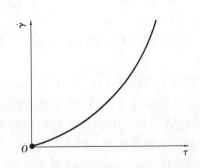

图 1.8　假塑性流体流变曲线

（3）胀流型流体

$$\tau = K \cdot \dot{\gamma}^n \quad \ln > 1$$

胀流型流体与假塑性流体刚好相反,其特点:随着剪切速率的增加,表观黏度增加,即剪切变稠,同时体积发生膨胀。这主要是由于原本胀流体系中质点排列很紧密,静止时质点间被液体占有的空隙体积最小,搅动时质点发生重排,空间体积增大,质点接触处的液层量减少,液层原有的润滑效应减弱,流动阻力增大。少数高分子悬浮液、淀粉、蛋白质、沥青等属于胀流型流体。由于假塑性流体及胀流型流体 τ 与 $\dot{\gamma}$ 呈指数关系,故又称为幂律流体。

以上3种流体的表观黏度只与剪切速率(应力)的大小有关,与剪切应力作用的时间无关,都属于与时间无关的非牛顿型流体。下面两种流体属于与时间相关的非牛顿型流体。

（4）触变性流体

当 $\dot{\gamma}$ 为常数时,表观黏度随剪切时间的增加而减小,一旦剪切作用停止,表观黏度可以恢复(可逆)称为触变性,含蜡原油有触变性。

（5）震凝性流体

当 $\dot{\gamma}$ 为常数时,表观黏度随剪切时间的增加而增大,一旦剪切作用停止,表观黏度不可以恢复(不可逆)称为震凝性,如造型石膏、糊状物等。

2）高分子溶液力学特性

高分子溶液都具有黏弹性,都属于黏弹性流体。所谓黏弹性是指流体在外力作用后,形变性质介于理想弹性体和理想黏性体之间的一种性质。受外力作用后,形变瞬间完成为理想弹性体;而受外力作用后,形变随外力作用时间线性变化。

高分子的力学性质随时间变化统称为力学松弛,主要包括蠕变和应力松弛。

（1）蠕变

蠕变是指在一定温度和较小的恒定外力作用下,材料形变随时间逐渐增大的现象。蠕变过程产生普弹形变、高弹形变和黏性流动。

①普弹形变,由于分子链内部键长和键角变化而引起,形变量很小,外力作用消失后形变立即复原(可逆形变)。

②高弹形变,由于分子链段运动逐渐伸展而引起,形变量较普弹形变大,外力作用消失后形变逐渐复原(可逆形变)。

③黏性流动,分子间没有化学交联的线型高分子发生分子间相对滑移而形成,外力作用消失后形变不可复原(不可逆形变)。

（2）应力松弛

应力松弛是指在恒定温度和形变保持不变的情况下,高分子内部的应力随时间的增加而逐渐衰减。

定义高分子内部应力衰减至初始应力的 $1/e$ 所需的时间为松弛时间。松弛时间可作为选择高分子溶液的标准之一,例如,聚丙烯酰胺类聚合物作为增稠剂时,其松弛时间为 $0.1 \sim 0.5$ 千分秒,最好是 0.3 千分秒;作为降阻剂时,松弛时间为 $0.7 \sim 1.5$ 千分秒,最大为 1.0 千分秒。

3）高分子溶液的黏度

黏度是液体分子运动时内摩擦的量度,高分子溶液的黏度是溶液中的高分子之间及高分子与溶剂分子之间受到运动的影响而产生的摩擦阻力,非牛顿流体的黏度一般用表观黏度表

征。而高分子溶液的表观黏度受许多因素影响,需要用其他方式来表示,常用几种黏度表示方法如下:

(1)相对黏度 η_r

相对黏度表示溶液黏度较溶剂黏度大的倍数。

$$\eta_r = \frac{\eta}{\eta_0}$$

式中　η——溶液黏度;

　　　η_0——溶剂黏度。

(2)增比黏度 η_{sp}

增比黏度表示在溶剂黏度的基数上,溶液黏度增加值与溶剂黏度之比。

$$\eta_{sp} = \frac{\eta - \eta_0}{\eta_0} = \eta_r - 1$$

(3)比浓黏度 $\frac{\eta_{sp}}{C}$

比浓黏度表示高分子在浓度 C 的情况下,单位浓度对溶液的增比黏度的贡献,其数值随浓度而变,C 的单位为 g/mL 或 g/10 mL。

$$\frac{\eta_{sp}}{C} = \frac{\eta_r - 1}{C}$$

(4)比浓对数黏度 η_{inh}

比浓对数黏度表示高聚物在浓度 C 的情况下对溶液黏度贡献量的一种形式。

$$\eta_{inh} = \frac{\ln \eta_r}{C}$$

(5)特性黏度 $[\eta]$

特性黏度为在溶液浓度无限稀释时(即单个高分子在浓度为 C 时)的比浓黏度或比浓对数黏度,其数值不随浓度而变。在规定的浓度及溶剂中,此值取决于单个高分子链的结构及分子量,高分子相对分子质量越大,对流体的阻碍越大,黏度就越大,故特性黏度 $[\eta]$ 是溶液中高分子相对分子质量及分子形态有关的特性数据,并常用来反映同类高聚物分子量的大小。

$$[\eta] = \lim_{C \to 0} \frac{\eta_{sp}}{C}$$

而影响高分子溶液黏度的主要因素有:

①溶剂。在良溶剂中,溶剂化使得高分子线团舒展扩张,线团间的聚集作用减弱,线团的密度减小,对溶剂分子流动的干扰大,黏度大;在不良溶剂中,溶剂分子和链段间的作用力小,链段间的内聚力使得线团紧缩,线团密度增大,黏度减小。

②相对分子质量和浓度。相同浓度下,相对分子质量越大黏度越大。这是由于高分子在溶液中的形态是无规则线团状,它的流动是大分子通过各链段协同"跳跃",而实现整个质心的位移,分子越大,协同"跳跃"困难越大。在相同相对分子质量下,浓度越大,黏度越大。这是由于浓度上升后,大分子线团相互缠绕,形成网状结构。

③温度。一般高分子溶液的黏度随温度上升而下降,大约温度每升高 1 ℃黏度下降 1%～10%。温度上升使得分子运动加剧,分子间力下降,缠绕节点打开,同时,溶剂的扩散能力增加,溶剂化程度下降,高分子卷曲度下降,从而导致黏度下降。

④剪切速率。高分子溶液是假塑性流体,对剪切速率十分敏感,黏度随剪切速率的增加而下降。在较大剪切力的作用下,高分子链更舒展,有利于高分子间相互滑动,且高分子链"被拉直",流动阻力下降,使得黏度下降,当剪切消失后,黏度又缓慢恢复,即剪切变稀现象。

当剪切应力过大时,黏度极大地下降,此时,再取消剪切作用,黏度无法恢复,这是由于大分子链断裂,即剪切降解。

剪切变稀与剪切降解的区别在于,前者只是高分子链在外力作用下发生形变,外力作用一旦消失,黏度即可恢复,而后者是高分子链在外力作用下断裂,变成小分子,即使停止外力作用,黏度也无法恢复。相对分子质量越大,链长越长,剪切敏感性越强,同时,相对分子质量分布越宽,剪切敏感性也越强。

⑤矿化度。溶液中离子浓度主要影响离子型高分子。例如,Na^+会使得部分水解聚丙烯酰胺(HPAM)水溶液的黏度下降。主要是由于 HPAM 中的羧酸钠基团,在水中会离解为羧酸根离子、钠离子,在静电力作用下,高分子线团疏松,增黏性强。而当溶液中有高浓度 Na^+后,抑制羧酸钠基团的离解,使得静电力作用减弱,高分子线团卷曲,黏度下降。HPAM 分子结构形式如图 1.9 所示。

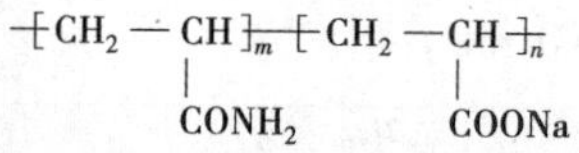

$$\begin{array}{c}+\!\!\text{CH}_2-\text{CH}\overline{\ }_m\!+\!\text{CH}_2-\text{CH}\overline{\ }_n\\ |\qquad\qquad\ |\\ \text{CONH}_2\qquad\quad \text{COONa}\end{array}$$

图 1.9　HPAM 分子结构式

⑥其他因素。如 pH 值、水解度等,对 PAM、PAN(聚丙烯腈)等高分子的黏度也是主要影响因素。

1.5.3　减阻作用

加入少量高分子化合物,可以使得流体流过固体表面的摩擦阻力大大降低的作用称为减阻作用或 Toms 效应。减阻作用在油田应用范围较广,例如,降低钻井液、压裂液、堵水剂、注入水的摩阻,以及原油的减阻输送等,而高分子的减阻效果十分明显,例如,水溶性减阻剂聚氧乙烯(PEO)加量为 30 mg/L 时,减阻率可达 67%。

1)减阻机理

目前国内外正在研究减阻机理,尚无重大突破,减阻现象的微观实质仍未查明。目前有以下 3 种关于减阻机理的假说:

(1)高分子排列取向

线型高分子化合物流动时,在一定的流速下,能沿着流动方向排列,形成无数与流向一致的流线,流体只能在线内向前流动,抑制紊流的发展,减少摩擦的阻力。

(2)边界效益

对于高分子在溶液中形成冻胶的情况,冻胶在管道中以塞状形式流动。高速流动时,冻胶塞与管壁间的剪切力很大,由于热和剪切的作用,使得高分子冻胶的结构拆散,在管壁形成了一层滑溜水膜,此膜将塞与管壁隔开,因此减阻。

(3)湍流减阻机理

基于高分子黏弹学说,主要是高分子与流体中旋涡的相互作用。线型高分子在溶剂中以无规则线团形式存在,由于分子链的柔顺性,无规则线团具有一定的黏弹性,湍流流动时,流体内部产生大量旋涡,消耗动能,当减阻剂——线型高分子存在时,旋涡使得无规则线团发生形变,将能量储存,在适当的时候,无规则线团发生应力松弛,释放其吸收的能量,转变为动能,降低流动损耗。

2)影响减阻效果的因素

(1)高分子的结构类型

减阻效果最好的高分子类型是线型、长链、柔性的大分子。支链的增加,减阻效果降低;螺旋形结构的柔性分子减阻效果较好;链节数较多的高分子,柔顺性好,减阻效果较好。

(2)相对分子质量及浓度

同一种高分子,相对分子质量越大,减阻效率越高。这是由于相对分子质量越大,链长越长,无规则线团越大,高分子形变越大,黏弹性越好。一般认为分子质量大于 50 000 才有减阻作用。高分子浓度要适当,浓度过高,使得溶剂黏度增加大,不利于流动;浓度过小,无法起到减阻作用。

(3)溶剂

高分子在溶剂中溶解性越好,减阻率越高,在良溶剂中高分子的形态舒展,黏弹性大。同时,水溶性高分子的舒展性受到溶剂中离子浓度的影响,特别是二价阳离子,如 Ca^{2+}、Mg^{2+},使得高分子上的极性基间的静电斥力作用被抑制,分子易于卷曲,减阻率下降。

(4)高分子的降解

流速大,高分子舒展,减阻率高,但流速过大后,会使得高分子受剪切力作用而降解,变成小分子,减阻率下降。

1.5.4　交联与络合——聚合度增大

交联就是高分子通过交联剂的共价键结合,而络合是指高分子与金属离子形成配位键(成键的两原子间共享的电子不是由两原子共同提供,而是来自一个原子,是极性键,电子总是偏向一方)而联结。配位键较共价键弱,易受剪切而降解。例如,PAM 可通过甲醛交联,而HPAM 可通过 Al^{3+}、Cr^{3+} 等络合形成铝冻胶、铬冻胶。在交联反应中高分子称为成胶剂,与高分子反应、使其形成体型结构的化学剂称为交联剂。

1.5.5　降解——聚合度减小

1)降解的分类

降解可分为 3 类:一是物理降解。由光、热、辐射、机械剪切所引起的降解。二是化学降解。由酸、碱、氧等引起的降解。三是生物降解。由酶(细菌)引起的降解。

2)常见的降解过程

(1)剪切降解

剪切降解是指在剪切力的作用下,高分子链断链形成小分子、溶液黏度下降且不能恢复。一般就剪切程度而言,生物高分子<植物胶<合成高分子。剪切降解主要是由于生物高分子的相对分子质量分布较窄,抗剪切能力强。易于发生剪切降解的区域为一般流速突变区域,例如,齿轮泵或离心泵长期高速循环,井下炮眼等。

(2)热降解

热降解是指温度升高,使溶液黏度下降且不能恢复。主要是由于高分子链断裂,高分子类型不同,热降解温度则不同,一般无氧条件下,230 ℃以上大部分高分子都会发生降解。

（3）氧化降解

氧化降解由于氧与高分子生成过氧化物，导致断链。

高分子降解往往是多个因素共同作用的结果，实际工作中为了减少降解，常采用地下交联、加抗氧化剂及高分子改性等措施。

1.5.6　水解——聚合度不变

水解是物质与水作用而引起的分解作用。凡含有酯键 RCOOR、醚键 ROR、酰胺键 $RCONH_2$、腈基 RCN 的高分子，在酸性或碱性环境中，都可发生水解反应，使得高分子溶液的性质发生改变。例如，PAM 在碱作用下水解为 HPAM，其结构式如图 1.10 所示。

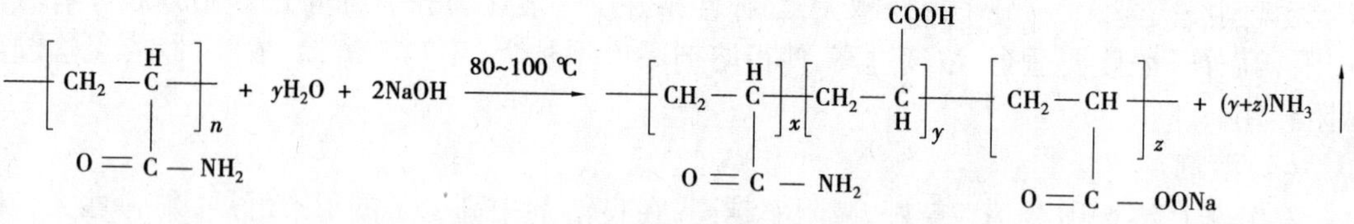

图 1.10　PAM 分子结构式

HPAM 的水解度用 DH 表示，即酰胺基变成羧基的百分数。HPAM 的水解度最大为 70%，主要由于水解生成的羧酸根对相邻位置有屏蔽效益，水解度越高，水解反应速率越慢，水解度达到 30% 以上再提高水解度需要的时间就越长。实际水解度由滴定法测得，水解反应是聚合度相似或不变的反应，其实质是高分子侧链基团的反应，达到高分子改性的目的。

1.6　常用的高分子化合物

1.6.1　聚丙烯酰胺（PAM）

PAM 是石油工业中用途最广泛的一种高分子化合物，例如，在钻井液中可用作降失水剂、絮凝剂、防塌剂；在采油中可用作增黏剂、驱油剂；在压裂中可用作悬砂剂；在微乳液驱油中可用作流度缓冲剂，还可作为选择性堵水剂和防垢剂。

常见的 PAM 有非离子型、阴离子型、阳离子型。水解度小于 4% 的 PAM 称为非离子型 PAM，其不溶于有机溶剂，溶于水。部分水解的 PAM 属于阴离子型 PAM，简写为 HPAM，其部分支链水解为羧酸根，带负电荷，为极性基团，水溶性大于 PAM 且同等条件下增黏性较强。阳离子型 PAM 由丙烯酰胺羟甲基化后与胺类反应得到：

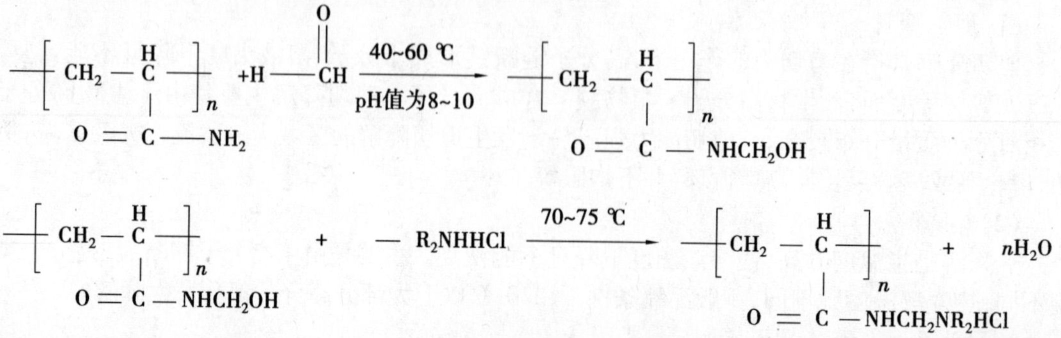

PAM 为白色玻璃状固体,无定形结构,在 220～230 ℃时才软化,水溶液在中性无氧条件下 150 ℃时发生明显降解,溶解性好,可溶于水、醋酸和乙二醇。

PAM 水溶液具有以下性质:

(1)黏度

PAM 分子在水中为无规则线团状,分子直径与内摩擦大,使得溶液黏度增大。水解为 HPAM 后,增黏性增强,其机理是水解生成的羧酸根带负电荷,静电斥力使得高分子线团疏松变大,增加流动阻力,使得黏度增加。盐类的存在会影响 HPAM 的增黏效果,原因是离子浓度的增加会产生电荷屏蔽,从而减弱羧酸根的静电排斥。偏酸性环境会抑制羧酸水解,降低黏度,偏碱性环境可以促进水解,增加黏度。

(2)剪切敏感性

PAM 水溶液对于剪切十分敏感,黏度随剪切速率增加而降低。

(3)相容性

PAM 由于溶于水后不带电荷,故与电解质有良好的相容性。HPAM 由于分子中带负电荷,故与电解质没有相容性,特别是高价电解质,如 Ca^{2+}、Mg^{2+},会使得 HPAM 沉淀。部分高价阳离子(如 Cr^{3+})可处理 HPAM 溶液生成凝胶。

(4)稳定性

PAM 及 HPAM 溶液长期放置其黏度会下降,这种现象称为老化。主要是由于溶液中的过氧化物或 O_2 使得高分子降解。

(5)毒性

PAM 无毒性,但在使用过程中由于未聚合完全的丙烯酰胺有毒而存在毒性,可通过加入偶氮化合物或亚硫酸氢钠去除毒性。

1.6.2 酚醛树脂

酚类和醛类化合物通过选用不同催化剂和不同配比下发生缩聚反应,得到两种不同性质的树脂,即热固性酚醛树脂和热塑性酚醛树脂。

1)热固性酚醛树脂——成型后加热不会软化和变形

合成条件是苯酚和甲醛物质量比小于 1,在碱性催化剂(如氨水、氢氧化钠等)、80～100 ℃条件下合成。合成产物为橙黄色或红色黏稠液体,易溶于丙酮、乙醇或乙酸乙酯,微溶于水,不溶于汽油、柴油、煤油及苯类非极性溶剂,可进行热固反应,加热后变为不溶不熔的固体状,采油中常作为封堵剂和胶结剂。热固反应在催化剂下进行,如用盐酸、草酸等酸性催化剂可使得热固性酚醛树脂在较短时间内固化。

2)热塑性酚醛树脂——成型后加热可软化和变形

合成条件是苯酚和甲醛物质量比大于 1,在酸性催化剂(如盐酸、硫酸等)、80～100 ℃条件下合成。合成产物为黄色或棕色透明固体,升温可使其软化甚至液化,冷却后凝固,该过程可反复多次,可作为封堵剂和胶结剂。

1.6.3 环氧树脂

凡含有环氧基的树脂都称为环氧树脂,由过量的环氧氯丙烷与二酚基丙烷(即双酚 A)在氢氧化钠催化的作用下缩聚而成。在不同条件下制得不同相对分子质量的环氧树脂,一般相对分子质量为 3 400～3 800,个别可到 7 000。相对分子质量低的环氧树脂为淡黄色黏稠液体,相对分子质量高的环氧树脂为琥珀色热塑性固体。线型环氧树脂可通过交联剂交联成体型不溶不熔的树脂。

环氧树脂的用途较广,采油中多用作砂层胶结剂、堵水剂、防蜡、防腐,可作为涂料改善管壁性能,及代替钢材制作耐温、耐压、耐腐蚀的玻璃管线和容器。

1.6.4 聚多糖类高分子

聚多糖类高分子,广泛存在于动植物中,如淀粉、纤维素、植物胶等都是己糖的缩合物,故又称多缩己糖,其通式为 $C_nH_{2n}O_n$。

1)纤维素(CMC)及其衍生物

纤维素是 β-1,4 苷键(半缩醛键)结合的 D 葡萄糖(D 为右旋、L 为左旋),是植物的主要成分。纤维素相对分子质量为 100 万～200 万,其结构式如图 1.11 所示。

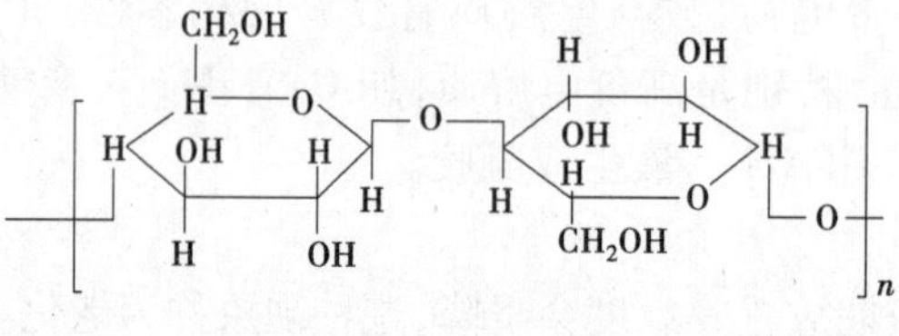

图 1.11　CMC 分子结构式

纤维素是晶型高分子,其结晶中相邻的羟基形成氢键,故纤维素不溶于水,油田作业中不能直接应用,通过其改性产物,化学上称为衍生物(由一种物质衍生而来,性质与原物质不同的化合物)。羧甲基纤维素钠(Na-CMC)是其常见的衍生物,通过氢氧化钠、氯乙酸钠改性得到,其性质如下:

①白色絮状固体,易溶于水。在改性中使得纤维素侧链基团产生羧酸钠基团,其在水中离解,使得改性纤维素具有极性,易溶于水,同时其离解后的羧酸根带有负电荷,在静电排斥作用下,高分子线团疏松,增黏能力强。

②可发生水解降解、氧化降解、剪切降解。

③可发生交联反应。与甲醛或二价阳离子(Ca^{2+}、Mg^{2+})发生共价交联,少量 Ca^{2+}、Mg^{2+} 可减少 Na-CMC 因降解而引起的黏度下降。

④能与三价金属离子络合形成冻胶。

Na-CMC 在油田生产中一般用作水的增黏剂和降阻剂,络合成的冻胶可作为水基冻胶压裂液,钻井液中的钻井粉就是 Na-CMC。还有一类纤维素衍生物也较常见,即羟乙基纤维素(HEC),其性质类似于 CMC,单在水中不离解,是一种非离子型水溶型高分子。

2)植物胶

植物胶包括豆胶和海藻胶。豆胶主要成分是半乳甘露聚糖,为提高其水溶性,可进行改性,得到羧甲基田菁钠、羟乙基田菁等。豆胶是非离子性的天然高分子,与氯化钠、氯化钾有良好的配伍性,与高价金属离子的配伍性取决于盐的浓度;80 ℃ 以下相当稳定,80 ℃ 以上迅速降解;在较大 pH 值范围内稳定,但 5% 的 HCl 会使得苷键催化断裂、降解。豆胶不溶解的残渣较多,可高达 10%～14%。

海藻胶又名褐藻酸,是由 β-甘露糖通过 1,4 碳原子上的羟基缩聚而成的高分子。褐藻酸及其钙盐不溶于水,不能直接使用,通常使用的是褐藻酸钠盐,由褐藻酸与氢氧化钠或碳酸钠反应得到。褐藻酸钠性质与 Na-CMC 性质相似,有良好的增黏能力,可降解及络合。

豆胶和海藻胶都可作增黏剂,配制压裂液,海藻胶对高含钙出水井可作堵水剂。

1.6.5 生物高分子——生物聚合物

油田常用的生物高分子如黄多糖(或黄杆菌胶)XC 或黄原胶 XG,其性质如下:

(1)结构式

XG 分子结构式如图 1.12 所示。

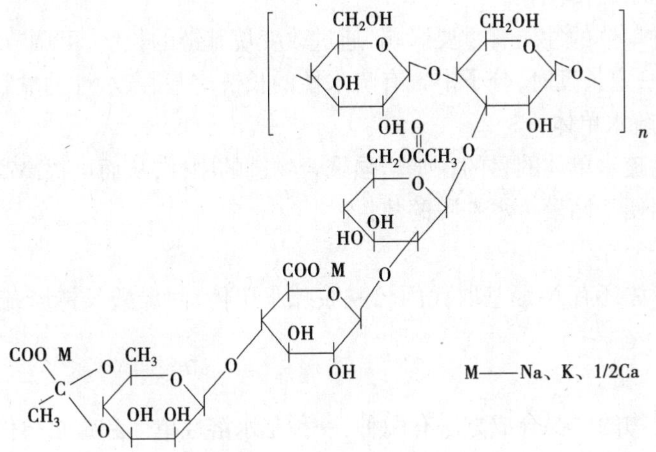

图 1.12 XG 分子结构式

(2)溶解性

从结构式上看,生物聚合物分子主、支链又长又大且呈螺旋形结构,支链有极性,水溶性好,可耐 56% ~60% 水溶性醇(甲、乙、丙醇),65 ℃以上可溶于甘油和乙二醇。

(3)流变性

生物高分子的相对分子质量可达到 2×10^6 甚至更高,且相对分子质量分布窄,具有极性基团——羧酸根,故增黏能力强。实验证明,pH =5.5 的水溶液黏度最大,抗剪切能力强,且即使黏度由于剪切作用下降后,易于黏度恢复,为假塑性流体。

(4)热稳定性

生物高分子的水溶液在 80 ℃下可长期稳定,在 121 ℃下有沉淀生成。

(5)化学稳定性

因主链上有金属离子,可与钠、钾、钙离子等配伍。在大多数有机酸中稳定,无机酸的配伍性取决于其类型和浓度。与碱配伍,但氢氧化钠浓度大于 12% 时会引起凝胶或沉淀。能与各种类型的表面活性剂配伍,活性剂浓度大于 15% ~20% 才会盐析,氧及酶会引起其降解。

1.6.6 疏水缔合聚合物

疏水缔合聚合物(HAWP)是指在聚合物亲水性大分子链上带有少量疏水基团的水溶性聚合物。其溶液具有独特的性能,在水溶液中,此类聚合物的疏水基团由于疏水作用而发生聚集,使大分子链产生分子内和分子间缔合。当聚合物浓度高于某一临界浓度(CAC)后,大分子链通过疏水缔合作用聚集,形成以分子间缔合为主的超分子结构——动态物理交联网络,流体力学体积增加,溶液黏度大幅升高,小分子电解质的加入和升高温度均可增加溶剂的极性,使疏水缔合作用增强。

1）常用的疏水单体

（1）阳离子季铵盐型

此类单体分子结构中含有季铵盐阳离子、碳碳双键及长链疏水烷基。季铵盐阳离子是亲水性的,因而单体的水溶性好,同时与其他单体易于相溶;碳碳双键具有良好的加成聚合性能,单体的反应活性高。

（2）含磺酸基的疏水单体

烷基链对该种单体的性质有重要影响,通过改变烷基链的长度,可调节此类单体的表面活性剂;当碳链达到一定长度时,分子中含有疏水性的长链烷基、亲水性的酰胺基和磺酸基。

（3）紫外活性疏水单体

利用紫外活性疏水单体的目的在于增强聚合物链的刚性,从而可提高高分子抗剪切性能,同时紫外活性基团便于测量疏水基团的数目。

（4）其他

常见的疏水单体还有 N-烃基取代丙烯酰胺疏水单体、丙烯酸长链脂疏水单体、含氟疏水单体等。

2）合成

疏水缔合聚合物的主要合成方法有两种:一种是水溶性单体和疏水单体共聚。利用搅拌、溶剂或活性剂胶束的作用,使两种单体聚合。另一种是水溶性聚合物改性。通过向聚合物分子上引入疏水或亲水基团,例如,在长碳链上引入聚氧乙烯、羧酸根、磺酸基团等。

3）性质和用途

疏水缔合作用是指有机分子溶于水后,由于疏水基团的存在,水分子排斥有机分子,同时有机分子为了降低所受排斥而簇集,使得大分子发生分子内和分子间缔合,增大流体力学面积,产生增黏性。

溶剂极性越强,溶剂分子对于疏水基团的排斥作用越强,故当水溶液中含有无机盐时,疏水缔合作用增强,具有良好的抗盐性。

由于疏水缔合聚合物一般分子链不高,受剪切作用时,分子链不易断裂,抗剪切能力较强。

由于疏水缔合聚合物缔合组成的网状结构具有可逆性（分子间力属于物理作用）,故疏水缔合聚合物水溶液具有独特的流变性,即强剪切变稀和震凝性。

疏水缔合聚合物除了可用于增黏,还可用于污水、污泥处理,利用其特殊的分子结构,使得水体中的杂质聚集进而分离。

1.6.7　梳型聚合物

通常将多个线型支链同时接枝在一个主链上所形成的像梳子形状的聚合物称为梳型聚合物（comb polymer）。

1）梳性聚合物的研制

梳型聚合物研制的主要目的如下所述:

①解决高分子表面活性剂,由于分子质量、分子内及分子间易于相互缠绕,不易在界面上排列、吸附,以及高分子表面活性剂分子量不高的问题。

②仿照生物聚合物的分子结构,增大聚合物链的刚性和分子结构的规整性,使得聚合物分子卷曲困难,分子链旋转的水动力学半径增大,提高耐盐增黏能力。

2）梳型聚合物的合成

梳型聚合物的合成主要有:

①偶联法。分别制备主链和侧链,主链上含有可与侧链反应的官能团,如酯、酸酐等。在适当的条件下分散偶联反应,得到梳型聚合物。

②引发法。主链合成后,主链上产生的活性点可引发聚合第二单体形成侧链和最终的梳型聚合物。

③大单体法。所谓大单体是指含有可聚合端基的齐聚物或聚合物链。大单体可均聚或跟其他单体共聚得到梳型聚合物。

梳型聚合物的结构与一般的接枝共聚物在结构上有明显区别:①梳型聚合物所有侧链等长且短于主链;②梳型聚合物的接枝密度远高于一般的接枝共聚物;③梳型聚合物分子每个单元上均带有一个或两个接枝链。

1.6.8　阳离子聚合物

目前,研究较多的阳离子聚合物有季铵盐聚合物、季磷盐聚合物及季硫盐聚合物,其中应用最广的、产品种类最多的是季铵盐聚合物,可通过单体聚合或高分子改性制得。

阳离子聚合物一般为白色粉状颗粒,溶于水,不溶于有机溶剂,耐酸及抗盐性较好。在石油工业中可用作长效黏土稳定剂、酸化压裂稠化剂、水处理剂等。

习　题

1.1　判断以下表面活性剂属于哪种类型,试找出其极性部分和非极性部分。

（1）$C_{12}H_{25}$—COOK

（2）$[C_{16}H_{33}$—$NH_3]Cl$

（3）$C_{18}H_{37}$—SO_3Na

（4）$C_{12}H_{25}$—O—$[C_3H_6O]_n$—$[C_2H_4O]_nH$

（5）$C_{12}H_{25}$—O—$[C_3H_6O]_n$—$[C_2H_4O]_n$—SO_3Na

1.2　试用基数法计算下列表面活性剂的 HLB 值。

（1）$C_{17}H_{35}$—COOH

（2）$C_{15}H_{31}$—OSO_3Na

（3）$C_{18}H_{37}$—SO_3Na

（4）$C_{12}H_{25}$—O—$[C_3H_6O]_{17}$—$[C_2H_4O]_{18}H$

（5）$C_{12}H_{25}$—O—$[C_3H_6O]_n$—$[C_2H_4O]_n$—SO_3Na

1.3　已知表面活性剂 A 的 HLB 值为 20,与未知 HLB 值的表面活性剂 B,按 10∶90 的体积比混合,可将石蜡油乳化得到最稳定的油包水型乳化液,试计算表面活性剂 B 的 HLB 值。

1.4 什么是临界胶束浓度?为什么使用表面活性剂的浓度一般要大于 cmc?

1.5 如何区分不同类型的表面活性剂,其原理是什么?

1.6 解释高分子的溶胀与溶解的区别,线性高分子与交联高分子溶胀后的结果为何存在不同?

1.7 简述高分子溶液的流变性,解释高分子水溶液流变性产生的原因。

第 **2** 章
钻井液及其化学处理

钻井液(原称钻井泥浆)是指钻井中使用的工作流体。它可以是液体或气体。因此,钻井液应确切地称为钻井流体。钻井液化学是通过研究钻井液的组成、性能及其控制与调整,达到优质、快速、安全、经济地钻井的目的。在钻井液性能的控制与调整中,化学法是重要的方法。为了掌握这一方法,必须了解各种钻井液处理剂的类型、结构、性能及其作用机理,这是钻井液化学的主要组成部分。

黏土是配制钻井液的重要原材料,它的主体矿物为黏土矿物,黏土矿物的结构和基本特性与钻井液的性能及其控制与调整密切相关,因此,在学习钻井液化学之前,应对黏土矿物的结构和基本特性有一个基本了解。

2.1 黏土矿物质

黏土矿物是黏土的主体矿物,它的晶体结构及其基本特性对钻井液性能有直接的影响。

2.1.1 黏土矿物质的基本构造

黏土矿物种类繁多,结构也不相同,但都有相同的基本构造单元,这些基本构造单元组成基本构造单元片,再由这些基本构造单元片组成基本结构层,最后由这些基本结构层组成各种黏土矿物。

1)基本构造单元及基本构造单元片

黏土矿物有两种基本构造单元,即硅氧四面体和铝氧八面体。这两种基本构造单元组成两种基本构造单元片。

(1)硅氧四面体与硅氧四面体片

硅氧四面体由1个硅等距离地配上4个比它大得多的氧构成(见图2.1)。从图2.1可知,在硅氧四面体中,有3个氧位于同一平面上,称为底氧,剩下一个位于顶端,称为顶氧。

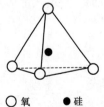

○氧　●硅

图2.1　硅氧四面体

硅氧四面体片是由多个硅氧四面体共用底氧形成的(见图2.2)。因此,每个硅氧四面体片均有底氧面和顶氧面。显然,底氧面比顶氧面含有更多的氧。硅氧四面体片可在平面上无限延伸,形成六方网格的连续结构(见图2.3),该结构中的六方网格内切圆直径约为

0.288 nm,硅氧四面体片厚度约为 0.5 nm。

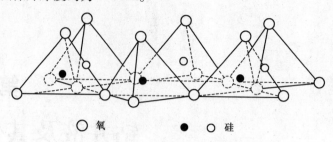

○ 氧　　　● ○ 硅

图 2.2　硅氧四面体片

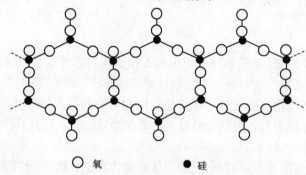

○ 氧　　　● 硅

图 2.3　硅氧四面体六方网格结构

（2）铝氧八面体与铝氧八面体片

铝氧八面体是由 1 个铝与 6 个氧（或羟基）配位而成（见图 2.4）。

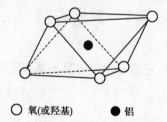

○ 氧(或羟基)　　　● 铝

图 2.4　铝氧八面体

同样,铝氧八面体片也是以共用氧的形式构成,铝氧八面体片有两个相互平行的氧（或羟基）面。铝氧八面体片中所有氧（或羟基）都分布在这两个平面上（见图 2.5）。

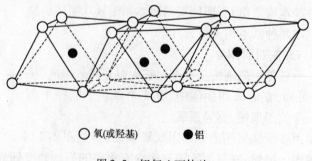

○ 氧(或羟基)　　　● 铝

图 2.5　铝氧八面体片

2）基本结构层

黏土矿物的基本结构层（又称单位晶层）是由硅氧四面体片与铝氧八面体片按 1:1 和 2:1 的比例结合而成。

1:1 层型基本结构层是由一个硅氧四面体片与一个铝氧八面体片结合而成，它是层状构造的硅铝酸盐黏土矿物最简单的晶体结构。在该基本结构层中，硅氧四面体片的顶氧构成铝氧八面体片的一部分，取代了铝氧八面体片的部分羟基。因此，1:1 层型的基本结构中有 5 层原子面，即 1 层硅面、1 层铝面和 3 层氧（或羟基）面。高岭石的晶体结构是由这种基本结构层构成的。

2:1 层型基本结构层是由两个硅氧四面体片夹着一个铝氧八面体片结合而成。两个硅氧四面体片的顶氧分别取代了铝氧八面体片的两个氧（或羟基）面上部分羟基。因此，这种基本结构中有 7 层原子面，即一层铝面、两层硅面和四层氧（或羟基）面。蒙脱石的晶体结构是由这种基本结构层构成的。

3）黏土矿物质基本构造中的相关概念

黏土矿物分别由上述两种基本结构层堆叠而成。当两个基本结构层重复堆叠时，相邻基本结构层之间的空间称为层间域；基本结构层加上层间域称为黏土矿物的单位构造；存在于层间域中的物质称为层间物；若层间物为水时，则这种水称为层间水；若层间域中有阳离子，则这些阳离子称为层间阳离子。

2.1.2　常见的黏土矿物质

1）高岭石

高岭石的基本结构层是由一个硅氧四面体片和一个铝氧八面体片结合而成，属于 1:1 层型黏土矿物。基本结构层沿层面（即直角坐标系的 a 轴和 b 轴）无限延伸，沿层面垂直方向（即直角坐标系的 c 轴）重复堆叠而构成高岭石黏土矿物晶体，其晶层间距约为 0.72 nm（见图 2.6）。

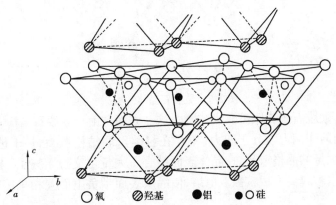

○氧　◍羟基　●铝　◐硅

图 2.6　高岭石晶体结构

在高岭石的结构中，晶层的一面全部由氧组成，另一面全部由羟基组成。晶层之间通过氢键紧密联结，水不易进入其中。

高岭石有很少的晶格取代。所谓晶格取代是指硅氧四面体中的硅和铝氧八面体中的铝为其他原子（通常为低一价的金属原子）取代，例如，硅为铝取代，铝为镁取代等。晶格取代的结果,使晶体的电价产生不平衡。为了平衡电价,需在晶体表面结合一定数量的阳离子。这些只是为了平衡电价而结合的阳离子是可以互相交换的,故称为可交换阳离子。由于高岭石很少晶格取代,所以它的晶体表面就只有很少的可交换阳离子。

黏土矿物中,高岭石属于非膨胀型的黏土矿物,原因是其晶层间存在氢键和晶体表面只有很少的可交换阳离子。

2)蒙脱石

蒙脱石的基本结构层是由两个硅氧四面体片和一个铝氧八面体组成,属于2:1层型黏土矿物。在这个基本结构层中,所有硅氧四面体的顶氧均指向铝氧八面体。硅氧四面体片与铝氧八面体片是通过共用氧联结在一起。基本结构层沿 a 轴和 b 轴方向无限延伸,沿 c 轴方向重复堆叠而构成蒙脱石黏土矿物晶体(见图2.7)。

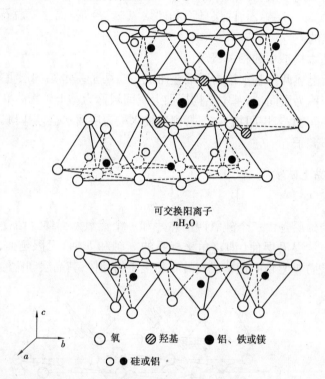

可交换阳离子
nH_2O

○氧　◎羟基　●铝、铁或镁

○●硅或铝

图2.7　蒙脱石晶体结构

在黏土矿物中,蒙脱石属膨胀型黏土矿物。这一方面是由于蒙脱石结构中,晶层的两面全部由氧组成,晶层间的作用力为分子间力(不存在氢键),联结松散,水易于进入其中;另一方面是由于蒙脱石有大量的晶格取代,在晶体表面结合了大量可交换阳离子,水进入晶层后,这些可交换阳离子在水中解离形成扩散双电层,使晶层表面带负电而互相排斥产生通常看到的黏土膨胀。

由于蒙脱石的上述特性,所以它的层间距是可变的,一般为0.96~4.00 nm。

蒙脱石的晶格取代主要发生在铝氧八面体片中,由铁或镁取代铝氧八面体中的铝,硅氧四面体中的硅很少被取代。晶格取代后,在晶体表面可结合各种可交换阳离子。当可交换阳离子主要为钠离子时,该蒙脱石称为钠蒙脱石;当可交换阳离子主要为钙离子时,该蒙脱石称为钙蒙脱石。此外,还有氢蒙脱石、锂蒙脱石等。

膨润土的主要成分是蒙脱石,它是一种重要的钻井液材料。一级膨润土主要为钠蒙脱石,称钠土;二级膨润土主要为钙蒙脱石,称钙土。它们可作为钻井液的悬浮剂和增黏剂。

3)伊利石

伊利石的基本结构层与蒙脱石相似,也是由两个硅氧四面体片和一个铝氧八面体片组成,属于2:1层型黏土矿物(见图2.8)。

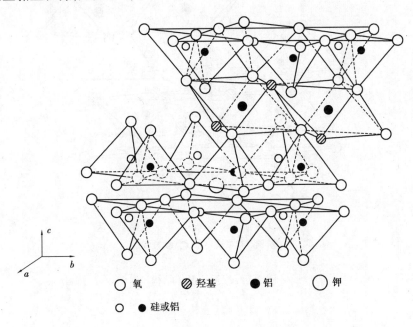

图2.8　伊利石晶体结构

伊利石与蒙脱石不同之处在于晶格取代主要发生在硅氧四面体片中,约有1/6的硅为铝所取代。晶格取代后,在晶体表面为平衡电价而结合的可交换阳离子主要为钾离子。由于钾离子直径(0.266 nm)与硅氧四面体片中的六方网格结构内切圆直径(0.288 nm)相近,使它易进入六方网格结构中而不易释出,因此晶层结合紧密,水不易进入其中,故伊利石属非膨胀型黏土矿物。伊利石层间距较稳定,一般为1.0 nm。

4)绿泥石

绿泥石的基本结构层是由一层类似伊利石2:1层型的结构片与一层水镁石片组成(见图2.9)。

绿泥石也属于2:1层型的黏土矿物,不同于其他2:1层型黏土矿物的地方在于它的层间域为水镁石片所充填。水镁石片为八面体片,片中的镁为铝取代,使它带正电性,它可代替可交换阳离子补偿2:1层型结构中由于铝取代硅后所产生的不平衡电价。

由图2.9可知,绿泥石晶层间存在氢键,再加上水镁石对晶层的静电引力,使绿泥石的晶层结合紧密,水不易进入其中,因此,绿泥石也属非膨胀型的黏土矿物。

绿泥石的层间距也比较稳定,一般为1.42 nm。

此外还有坡缕石和海泡石,属于链层状黏土矿物,不同于前面介绍过的层状黏土矿物。其晶体结构可由2:1层型的晶体结构理解,若将2:1层型晶体结构中的硅氧四面体每隔一定周期做180°翻转,并主要沿 a 轴方向延伸,就产生坡缕石与海泡石结构。图2.10及图2.11分别为坡缕石和海泡石的晶体结构。

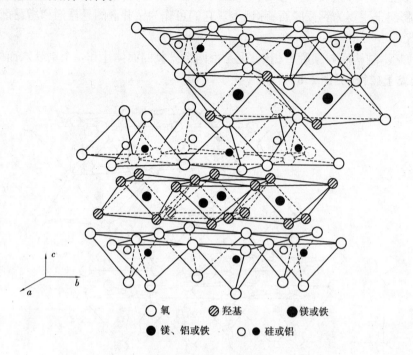

○ 氧　　　▨ 羟基　　　● 镁或铁

● 镁、铝或铁　　　◉ 硅或铝

图2.9　绿泥石晶体结构

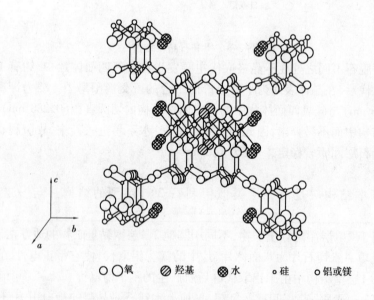

○○ 氧　　　▨ 羟基　　　▨ 水　　　∘ 硅　　　◉ 铝或镁

图2.10　坡缕石晶体结构

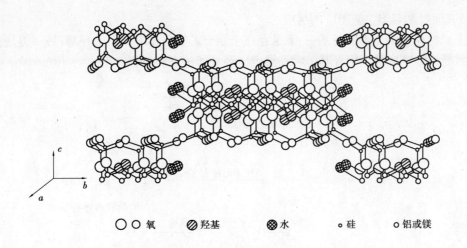

○ ○ 氧　　　◐ 羟基　　　◉ 水　　　· 硅　　　○ 铝或镁

图 2.11　海泡石晶体结构

2.1.3　影响钻井液性能的黏土矿物的性质

1）带电性

黏土矿物表面的带电性是指黏土矿物表面在与水接触情况下的带电符号和带电量。黏土矿物表面的带电性有两个来源：

（1）可交换阳离子的解离

黏土矿物表面都有一定数量的可交换阳离子。当黏土矿物与水接触时，这些可交换阳离子就从黏土矿物表面解离下来，以扩散的方式排列在黏土矿物表面周围，形成扩散双电层，使黏土矿物表面带负电。因此，黏土矿物表面可交换阳离子的数量越多，表面所带的电量就越多，解离后表面的负电性越强。

黏土矿物表面的带电量可用阳离子交换容量（Cation Exchange Capacity，CEC）表示。阳离子交换容量是指 1 kg 黏土矿物在 pH 值为 7 的条件下能被交换下来的阳离子总量（用一价阳离子物质的量表示）。单位用 mmol/kg 表示。不同类型的黏土矿物有不同的阳离子交换容量。表 2.1 为各种黏土矿物的阳离子交换容量，从表中可以看出，蒙脱石的阳离子交换容量最大，高岭石的阳离子交换容量最小。

表 2.1　各种黏土矿物的阳离子交换容量

黏土矿物	阳离子交换容量/（mmol·kg^{-1}）
高岭石	30～150
蒙脱石	800～1 500
伊利石	200～400
绿泥石	100～400
坡缕石	100～200
海泡石	200～450

（2）表面羟基与 H^+ 或 OH^- 的反应

黏土矿物存在两类表面羟基：一类是存在于黏土矿物晶体表面上的羟基；另一类是在黏土矿物边缘断键处产生的表面羟基。后一类表面羟基通过下列过程产生：

$$\diagdown Al - O - Al \diagup \xrightarrow{\text{断键}}$$

（铝氧八面体）

$$\diagdown Al - O - \ + \ \diagup Al - \xrightarrow[\text{H}^+\text{和OH}^-\text{结合}]{\text{与水中的}} 2 \ \diagdown Al - OH$$

（形成表面羟基）

$$- Si - O - Si - \xrightarrow{\text{断键}}$$

（硅氧四面体）

$$- Si - O - \ + \ - Si - \xrightarrow[\text{H}^+\text{和OH}^-\text{结合}]{\text{与水中的}} 2 \ - Si - OH$$

（形成表面羟基）

在酸性或碱性条件下，这些表面羟基可与 H^+ 或 OH^- 反应，使黏土矿物表面带不同符号的电性。在酸性条件下，黏土矿物表面的羟基可与 H^+ 反应，使黏土矿物表面带正电性：

$$\diagdown Al - OH \ + \ H^+ \longrightarrow \diagdown Al - OH_2^+$$

$$- Si - OH \ + \ H^+ \longrightarrow - Si - OH_2^+$$

在碱性条件下，黏土矿物表面的羟基可与 OH^- 反应，使黏土矿物表面带负电性：

$$\diagdown Al - OH \ + \ OH^- \longrightarrow \diagdown Al - O^- \ + \ H_2O$$

$$- Si - OH \ + \ OH^- \longrightarrow - Si - O^- \ + \ H_2O$$

2）吸附性

吸附性是指物质在黏土矿物表面浓集的性质。在研究黏土矿物表面吸附性时，黏土矿物称为吸附剂，而浓集在其上的物质则称为吸附质。吸附质在吸附剂表面的浓集称为吸附。黏土矿物表面的吸附分物理吸附和化学吸附两种。

（1）物理吸附

物理吸附是指吸附剂与吸附质之间通过分子间力而产生的吸附。由氢键产生的吸附也属于物理吸附。例如，非离子型表面活性剂（如聚氧乙烯烷基醇醚和聚氧乙烯烷基苯酚醚）和非离子型聚合物（如聚乙烯醇和聚丙烯酰胺）在黏土矿物表面上的吸附是既通过分子间力，也通过氢键而产生的吸附,所以都属物理吸附。

（2）化学吸附

化学吸附是指吸附剂与吸附质之间通过化学键而产生的吸附。例如,阳离子型表面活性剂(如十二烷基三甲基氯化铵)和阳离子型聚合物(如聚二烯丙基二甲基氯化铵)在水中解离后,其产生的阳离子均可与带负电的黏土矿物表面通过离子键的形成而吸附在黏土矿物表面。它们的吸附属于化学吸附。

3）膨胀性

膨胀性是指黏土矿物吸水后体积增大的特性。黏土矿物的膨胀性有很大不同。根据晶体结构,黏土矿物可分为膨胀型黏土矿物和非膨胀型黏土矿物。

蒙脱石属于膨胀型黏土矿物,它的膨胀性是由于它有大量的可交换阳离子所产生的。当它与水接触时,水可进入晶层内部,使可交换阳离子解离,在晶层表面建立了扩散双电层,从而产生负电性。晶层间负电性互相排斥,引起层间距加大,使蒙脱石表现出膨胀性。

高岭石、伊利石、绿泥石等属于非膨胀型黏土矿物,它们的膨胀性差有各自的原因,例如,高岭石是因为它只有少量的晶格取代,而层间存在氢键;伊利石是因为它的晶格取代主要发生在硅氧四面体片中,而且晶层间可交换阳离子为钾离子,同样可使晶层联结紧密;绿泥石是因为它的晶层存在氢键,并以水镁石代替可交换阳离子平衡因晶格取代所产生的不平衡电价等。

4）凝聚性

凝聚性是指一定条件下的黏土矿物颗粒(准确地说应为小片)在水中发生联结的性质。

这里讲的一定条件,主要是指电解质(如氯化钠、氯化钙等)的一定浓度。由于随电解质浓度的增加,黏土矿物颗粒表面的扩散双电层被压缩,边、面上的电性减小。当电解质超过一定浓度时,就可引起黏土矿物颗粒发生联结。

联结发生后,黏土矿物的联结体若能互相连接,遍布水的空间,则产生空间结构;若该联结体不能互相连接,则发生下沉。

黏土矿物颗粒有 3 种联结方式,即边边联结(见图 2.12(a))、边面联结(见图 2.12(b))和面面联结(见图 2.12(c))。

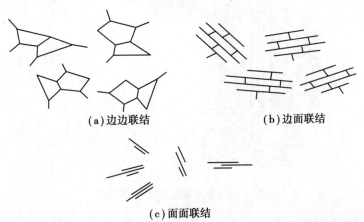

(a)边边联结　　　　　　　　　　(b)边面联结

(c)面面联结

图 2.12　黏土矿物颗粒的联结方式

地层因素可通过黏土矿物的凝聚性影响钻井液的性能,处理剂又可通过黏土矿物的凝聚性调整钻井液的性能。如地层中的钙离子侵入钻井液(称为钙侵)可引起黏土矿物小片边边联结、边面联结,产生空间结构,导致黏度增加。进一步钙侵,又可引起黏土矿物颗粒的面面联结,导致黏度减小。降黏剂(又称分散剂)的加入,可通过它的吸附,提高黏土矿物表面的负电性并增加水化层的厚度而引起黏土矿物小片的重新分散,恢复钻井液的使用性能。

2.2 钻井液的功能及性能要求

2.2.1 钻井液的功能

钻井液(原称泥浆)是指钻井中使用的工作流体。由分散介质、分散相和钻井液处理剂组成。其分散介质可以是水、油或是气体。钻井液中的分散相,若为悬浮体则为黏土和(或)密度调整材料;若为乳状液则为油或水;若为泡沫则为气体。因此,钻井液应确切地称为钻井流体。

钻井液性能的调节,主要通过钻井液处理剂来实现。钻井液处理剂,若按元素组成,可分为无机钻井液处理剂(包括无机的酸、碱、盐和氧化物等)和有机钻井液处理剂(如表面活性剂和高分子等);若按用途,则可分为下列15类,即钻井液pH值控制剂、钻井液除钙剂、钻井液起泡剂、钻井液乳化剂、钻井液降黏剂、钻井液增黏剂、钻井液降滤失剂、钻井液絮凝剂、页岩抑制剂(又称防塌剂)、钻井液缓蚀剂、钻井液润滑剂、解卡剂、温度稳定剂、密度调整材料、堵漏材料。

钻井液的主要功能包括:冲洗井底、携带岩屑、平衡地层压力、冷却与润滑钻头、稳定井壁、悬浮岩屑和密度调整材料、获取地层信息、传递功率。钻井液循环流程示意图如图2.13所示。

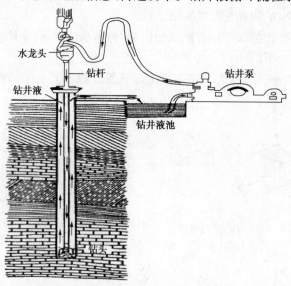

图2.13 钻井液循环流程示意图

2.2.2 钻井液的性能要求

钻井液作为工作液,要实现上述8项功能,必须具备一定的性能。钻井液的常规性能包括密度、酸碱性(pH值)、滤失性(API滤失量、HTHP滤失量、泥饼质量)、流变性(马氏漏斗黏度、塑性黏度、动切力、静切力等)、固相含量、润滑性等。

1)密度

单位体积钻井液的质量称为钻井液密度,其单位常用 kg/m^3(或 g/cm^3)表示。钻井液密度主要是用来调节钻井液的静液柱压力,以平衡地层压力,确保安全钻井。同时也用来平衡地层构造应力,以避免井漏的发生。

2)酸碱性

通常用钻井液滤液的 pH 值表示钻井液的酸碱性。钻井液的酸碱性与钻井液中黏土颗粒的分散程度有关(由于 pH 值升高,OH^- 离子浓度增加,有更多的 OH^- 被吸附在黏土晶层表面,增加其表面所带负电性,使其在剪切作用下更易于水化分散),故在很大程度上影响着钻井液的黏度和其他性能参数。同时,钻井液的酸碱性还影响:

①对钻具的腐蚀性;

②抑制体系中钙、镁离子的溶解;

③许多钻井液处理剂需要在碱性环境中才能充分发挥作用,如丹宁类、褐煤类和木质素磺酸盐等。

3)滤失性

钻井液滤失性主要是指其滤液向地层的滤失量大小及在井壁形成的滤饼的质量。质量好的滤饼一般薄而韧、结构致密、耐冲刷和低摩擦系数。

滤失性对于钻井液而言是一项非常重要的性能,一旦滤失性不合格,将会导致:

①损害油气层,降低产能;

②井壁垮塌,井径不规则,起下钻遇阻;

③在高渗地层形成较厚滤饼,造成压差卡钻;

④因滤液侵入半径过大,导致测井解释不准。

4)流变性

钻井液流动和变形的特性称为钻井液的流变性,其中流动性是主要的。流变性是钻井液的一项基本性能,对钻井液以下功能影响巨大:

①携带岩屑,保持井底和井眼的清洁;

②悬浮岩屑和加重材料;

③合理确定水力参数,减少循环压力损失,充分发挥钻头水功率的作用,提高机械钻速;

④减轻钻井液造成的压力激动和井壁的冲刷,防止井漏和井塌等事故的发生;

⑤防止气侵。

因此,钻井液流变性与安全、快速钻井密切相关,对钻井液的流变参数进行有效控制、优选和调整已成为钻井液工艺技术的主要组成部分。

5)固相及其含量

钻井液中的固相主要有配浆黏土、岩屑、密度调整材料及其他固相处理剂。钻井液中的固相含量指单位体积钻井液中固相物质的质量,单位 kg/m^3(或 g/cm^3)。

固相含量对钻井液的性能有重要影响:

①钻井液的黏度和切力随黏土含量增加而增加;

②滤饼致密性随岩屑含量增加而降低,同时滤失量增大,滤饼厚度增加,易卡钻;

③亚微粒子含量过高影响机械钻速。

6)润滑性

钻井液的润滑性通常包括泥饼的润滑性和钻井液自身的润滑性两个方面,钻井液和泥饼的摩擦系数是评价钻井液润滑性能的两个主要技术指标。

就钻井液而言,气体与油基钻井液处于润滑性的两个极端,水基钻井液介于其间。润滑性对于钻井液以下性能有影响:

①减小钻具的扭矩、磨损和疲劳;

②减小钻柱摩擦阻力,缩短起下钻时间;

③防止钻头泥包、黏卡。

2.3 钻井液密度及其控制

钻井液密度必须满足地质和工程的需要,若密度过高,会引起钻井液过度增稠、易漏失、钻速下降、油气层损害加剧和钻井液成本增加等问题,而密度过低易引起井涌甚至井喷,有时还会导致井塌、井径缩小和携屑能力下降等。

调整钻井液密度包括降低钻井液密度和提高钻井液密度。

1)**降低钻井液密度**

降低钻井液密度可用加水或充气的方法降低钻井液密度,因水和气体的密度都低于钻井液密度。

2)**提高钻井液密度**

提高钻井液密度可用加入高密度材料的方法提高钻井液密度。提高钻井液密度的材料有以下两种类型:

(1)高密度的不溶性矿石(见表2.2)的粉末

这些粉末可悬浮在黏土矿物颗粒形成的空间结构中提高钻井液密度。由于重晶石来源广、成本低,因此它为目前使用最多的高密度材料。

表 2.2 高密度的不溶性矿物或矿石

名 称	主要成分	密度/($g \cdot cm^{-3}$)
石灰石	$CaCO_3$	2.7～2.9
重晶石	$BaSO_4$	4.2～4.6
菱铁矿	$FeCO_3$	3.6～4.0
钛铁矿	$TiO_2 \cdot Fe_3O_4$	4.7～5.0
磁铁矿	Fe_3O_4	4.9～5.2
黄铁矿	FeS_2	4.9～5.2

(2)高密度的水溶性盐(见表2.3)

这些盐可溶于钻井液中提高钻井液密度。

表 2.3　高密度的水溶性盐

水溶性盐	盐的密度/(g·cm^{-3})	饱和水溶液密度/(g·cm^{-3})
KCl	1.398	1.16(20 ℃)
NaCl	2.17	1.20(20 ℃)
CaCl$_2$	2.15	1.40(60 ℃)
CaBr$_2$	2.29	1.80(10 ℃)
ZnBr$_2$	4.22	2.30(40 ℃)

在使用水溶性盐提高钻井液密度时应注意两点。首先,防止盐对于钻具的腐蚀,应加入缓蚀剂。其次,盐从钻井液中析出的温度。实验表明,析盐或析冰(盐水温度将至一定程度时析出的是冰,该温度称为盐水的冰点)温度会随着盐水密度的变化而变化,其变化规律如下:

①在低密度范围内,随盐水密度的增加,盐水的冰点降低;

②在高密度范围内,随盐水密度的增加,盐水的析盐温度陡然上升。

注意:为抑制析盐对钻井液性能的影响,可在钻井液中加入盐结晶抑制剂,如氨基多羧酸盐。

2.4　钻井液酸碱性及其控制

钻井液酸碱性可用 pH 值表示,一般钻井液的 pH 范围要求控制在 8～11,不同类型的钻井液所要求的 pH 范围不同,例如,一般要求分散型钻井液的 pH 值超过 10,石灰处理钻井液的 pH 为 11～12,石膏处理钻井液的 pH 为 9.5～10.5,而许多情况下不分散聚合物钻井液的 pH 为 7.5～8.5。

烧碱(工业用 NaOH)是调节钻井液 pH 值的主要添加剂,有时也用 KOH、纯碱(Na$_2$CO$_3$)及石灰 Ca(OH)$_2$。可见维持钻井液酸碱性的无机离子除了 OH$^-$,还可能有 CO$_3^{2-}$ 和 HCO$_3^-$ 等离子。而 pH 值并不能反映钻井液中这些离子的种类和浓度,故除 pH 值外,还可用碱度表示钻井液的酸碱性。用碱度参数的优势在于:可较方便地反应钻井液中 OH$^-$、CO$_3^{2-}$ 和 HCO$_3^-$ 3 种离子的含量,从而判断钻井液碱性的来源;确定钻井液体系中悬浮石灰的量(即储备碱度)。

碱度是指用浓度为 0.01 mol/L 的标准硫酸中和 1 mL 样品至酸碱中和指示剂变色时所需的体积(单位用 mL 表示)。不同酸碱指示剂变色的 pH 值不同,酚酞指示剂滴定指数为 pH = 8.3,甲基橙指示剂滴定指数为 pH = 4.3。用酚酞做酸碱中和指示剂测得碱度称为酚酞碱度(记为 P_f),用甲基橙作酸碱中和指示剂测得碱度称为甲基橙碱度(记为 M_f)。从碱度定义可知,钻井液的碱度越大,则其碱性越强。钻井液中 OH$^-$、CO$_3^{2-}$ 和 HCO$_3^-$ 3 种离子的含量可通过表 2.4 中的公式进行计算。

表 2.4 P_f、M_f 值与离子浓度的关系

离子浓度 条 件	[OH⁻] /(mg·L⁻¹)	[CO₃²⁻] /(mg·L⁻¹)	[HCO₃⁻] /(mg·L⁻¹)
$P_f = 0$	0	0	$1\ 220M_f$
$2P_f < M_f$	0	$1\ 220P_f$	$1\ 220(M_f - 2P_f)$
$2P_f = M_f$	0	$1\ 220P_f$	0
$2P_f > M_f$	$340(2P_f - M_f)$	$1\ 200(M_f - P_f)$	0
$P_f = M_f$	$340M_f$	0	0

在实际应用中,钻井液的碱度有以下要求:

①一般钻井液的 P_f 最好保持在 1.3～1.5 mL;

②饱和盐水钻井液的 P_f 保持在 1 mL 以上即可,而海水钻井液的 P_f 应保持在 1.3～1.5 mL;

③深井耐高温钻井液应严格控制 CO_3^{2-} 的含量,一般应将 M_f/P_f 的比值控制在 3 以内。

2.5 钻井液滤失性及其控制

2.5.1 滤失性的定义及影响因素

滤失性可用钻井液滤失量衡量。钻井液滤失量是指钻井液在一定温度、一定压差和一定时间内通过一定面积的渗滤面所得的滤液体积(单位用 mL 表示)。

钻井液的滤失量可按不同的标准分类。若按测定过程中钻井液是否流动,可分为静滤失量和动滤失量;若按测试温度和压差的不同,可分为常规滤失量(即在温度为 24±3 ℃,压差为 0.69 MPa,渗滤面积为 45.8 cm²,时间为 30 min 下测得的滤失量)和高温高压滤失量(即在温度为 150±3 ℃,压差为 3.45 MPa,渗滤面积为 45.8 cm²,时间为 30 min 下测得的滤失量)。图 2.14 为钻井液常规滤失量测试仪的示意图。

可根据滤失前后的一些边界条件和 Darcy 公式,推导钻井液的静滤失方程。

由滤失前后固相体积不变,而钻井液中的固相体积分数也保持不变的条件,可得:

$$(q_{FL} + AL)\phi_{SM} = AL\phi_{SC}$$

式中 q_{FL}——钻井液滤失量,m³;

A——渗滤面积,m²;

L——滤饼厚度,m;

ϕ_{SM}——固相在钻井液中所占体积分数;

ϕ_{SC}——固相在滤饼中所占体积分数。

整理得:

$$q_{FL} = AL\left(\frac{\phi_{SC}}{\phi_{SM}} - 1\right)$$

带入 Darcy 公式 $\dfrac{\mathrm{d}q_{FL}}{\mathrm{d}t}=\dfrac{kA\Delta p}{\mu L}$ 并积分, 得:

$$q_{FL}=A\left[\frac{2k\Delta p\left(\dfrac{\phi_{SC}}{\phi_{SM}}-1\right)t}{\mu}\right]^{\frac{1}{2}}$$

上式即为钻井液静滤失方程。由静滤失方程可知, 钻井液滤失量与渗滤面积成正比; 与渗滤时间、滤饼渗透率、固相含量因子 $(\phi_{SC}/\phi_{SM}-1)$、滤饼两侧压差(或称滤失压差)的平方根成正比; 与滤液黏度的平方根成反比。

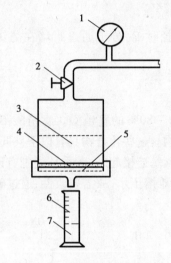

图 2.14　常规滤失量测试仪
1—压力表;2—通气阀;3—钻井液;4—滤饼;
5—滤纸;6—量筒;7—钻井液滤液

由于一定流速的钻井液在经过一定时间的流动后, 它对井壁滤饼的冲蚀速率可与固体颗粒在滤饼上的沉积速率相等, 即滤饼厚度趋于不变, 因此, 可假设 k 和 L 均为常数。在此条件下将 Darcy 公式积分, 可得动滤失方程:

$$q_{FL}=\frac{kA\Delta pt}{\mu L}$$

对比静、动滤失方程可知, 影响静滤失量的因素同样对动滤失量也有影响, 但影响程度不同。

2.5.2　钻井液滤失性的调节

由静、动滤失方程可以分析得出, 控制和调整钻井液滤失性能的关键在于改善滤液黏度及滤饼质量(影响滤失量的其他物理量无法调控), 而通过化学方法调节滤失性是通过加入降滤失剂实现的, 其作用机理如下:

(1)增黏机理

降滤失剂一般选用水溶性高分子, 可增加钻井液黏度。

（2）吸附机理

降滤失剂可通过氢键吸附在黏土颗粒表面,使得黏土颗粒表面的负电性增加和水化层厚度增加,提高黏土颗粒的聚结稳定性,使得黏土颗粒保持较小的粒度及合理的粒度大小分布,使得形成的滤饼薄而韧、结构致密,降低滤饼的渗透率。

（3）捕集机理

捕集是指高分子的无规则线团（或固体颗粒）通过架桥而滞留在孔隙中的现象。产生捕集现象的条件是无规线团的直径为孔隙直径的 1/3～1,由于高分子是相对分子质量分布在一定范围内的混合物,当其溶于水后所形成的无规线团的直径不同,符合捕集的条件高分子,被滞留在滤饼孔隙中,降低滤饼渗透率。

（4）物理堵塞机理

无规线团的直径大于孔隙直径时,高分子通过封堵在滤饼孔隙的入口而降低钻井液滤失量。

常用的降滤失剂主要有以下 5 类:

（1）改性褐煤（又称改性腐殖酸）

褐煤是煤的一类,其中含 20%～80% 的腐殖酸。腐殖酸不是单一化合物,而是分子大小及结构组成不同的化合物的混合物。这些化合物具有以下共同点:都具有芳香环的骨架,该芳香环可由亚烷基、羰基、醚基或亚氨基连接起来,芳香环周围有许多羧基、羟基或甲氧基。腐殖酸相对分子质量范围为 $10^2 \sim 10^6$,难溶于水,故需要改性,通过碱或硝化、磺甲基化使其具有水溶性。

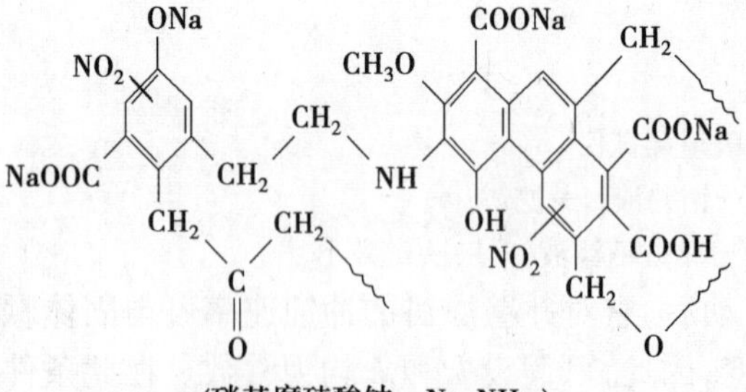

（硝基腐殖酸钠，Na-NHm）

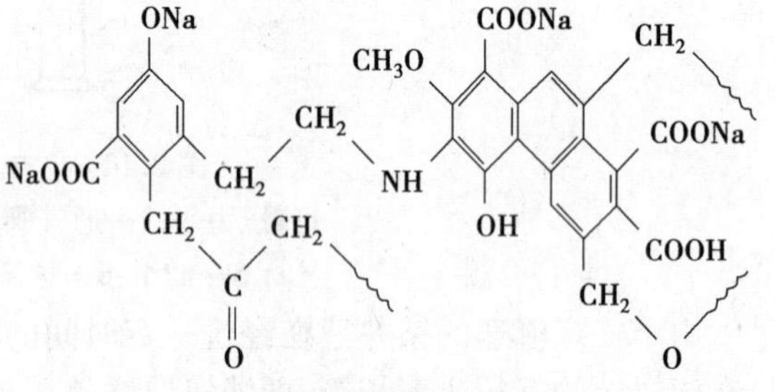

（腐殖酸钠，煤碱剂，Na-Hm）

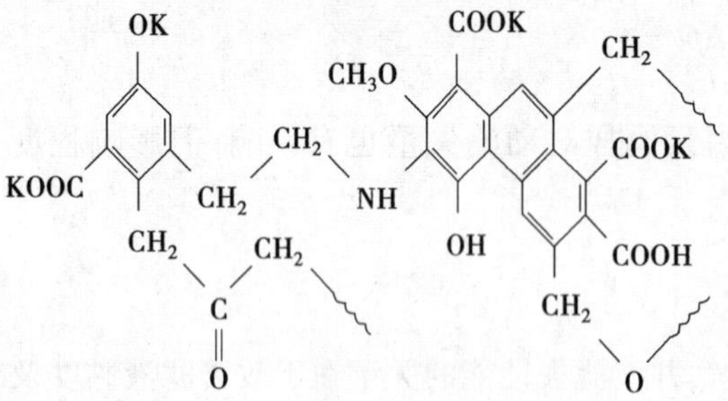

（腐殖酸钾，K-Hm）

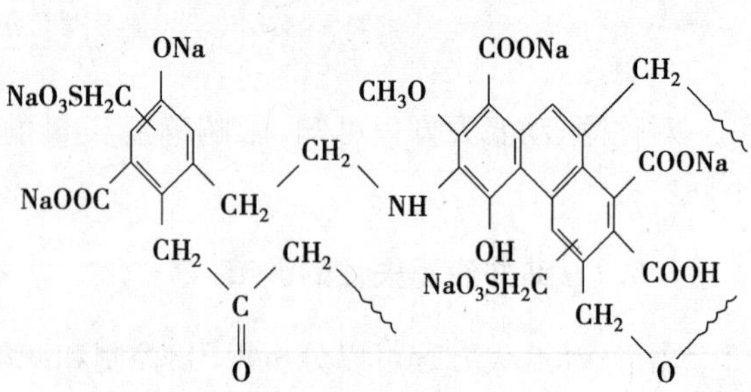

（磺甲基腐殖酸钠，Na-SMHm）

（2）改性淀粉

淀粉是一种天然高分子,由直链淀粉和支链淀粉组成,直链淀粉没有水溶性,支链淀粉具有水溶性。为使得淀粉具有降滤失剂功能,需将其改性,通过碱化、羧甲基化、羟乙基化、季铵

化等,向淀粉分子中引入亲水基团。下列改性淀粉可作为降滤失剂:

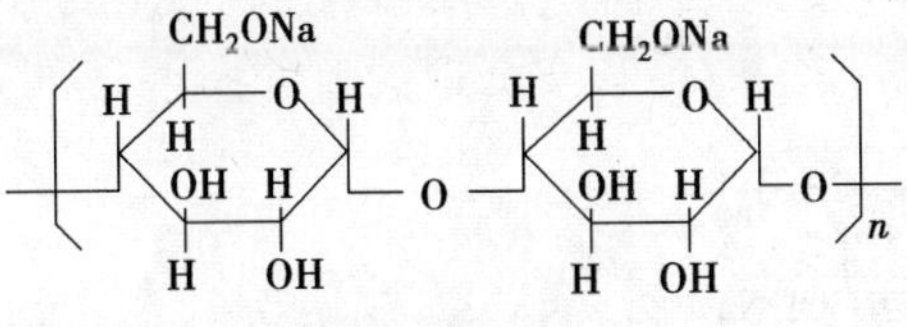

(碱淀粉,预胶化淀粉)

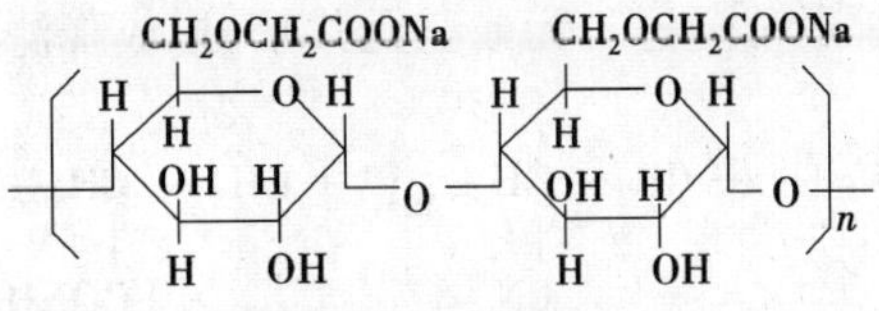

(钠羧甲基淀粉,Na-CMS)

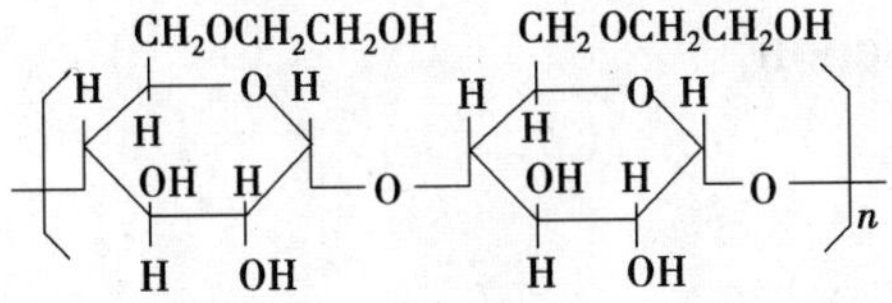

(羟乙基淀粉,HES)

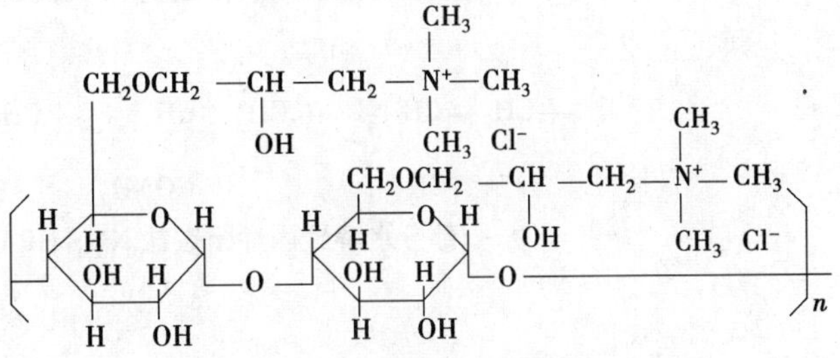

(环氧丙基三甲基氯化铵与淀粉的反应产物)[7-9]

改性淀粉可耐温达 120 ℃,具有良好的耐盐性,主要缺点是生物稳定性较差。

(3)改性纤维

天然纤维素没有水溶性,通过羧甲基化、羟乙基化等化学改性,可使其具有降滤失剂的功能。下列改性纤维可作为降滤失剂:

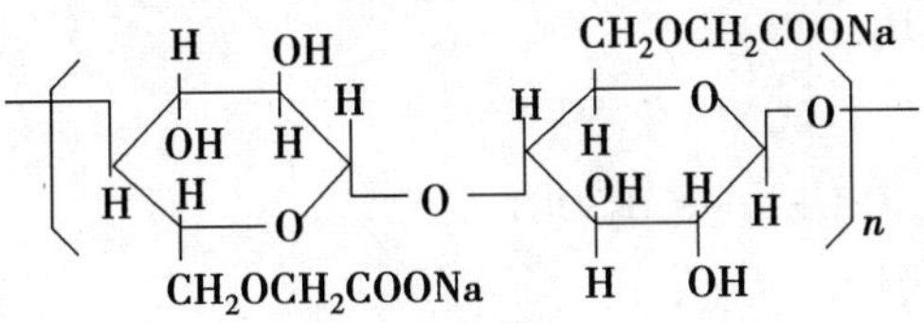

(钠羧甲基纤维素,Na-CMC)

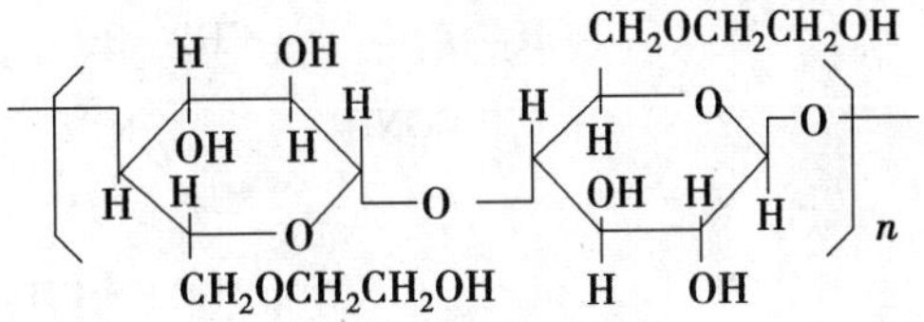

(羧乙基纤维素,HEC)

改性纤维可耐温达 130 ℃,具有良好的耐盐性,其生物稳定性较改性淀粉好。

(4)改性树脂

这里的树脂主要是含有磺甲基的酚醛树脂,由于其主链中含有芳香环,同时具有强亲水基团(磺甲基),故其具有良好的耐温、耐盐性、耐二价阳离子。实验时,改性树脂存在起泡问题,需要加入消泡剂。常用的改性树脂降滤失剂如下:

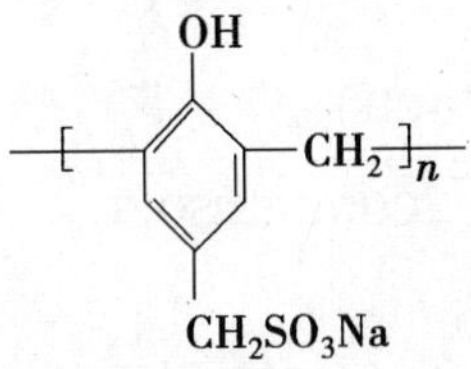

(磺甲基酚醛树脂,SMP)

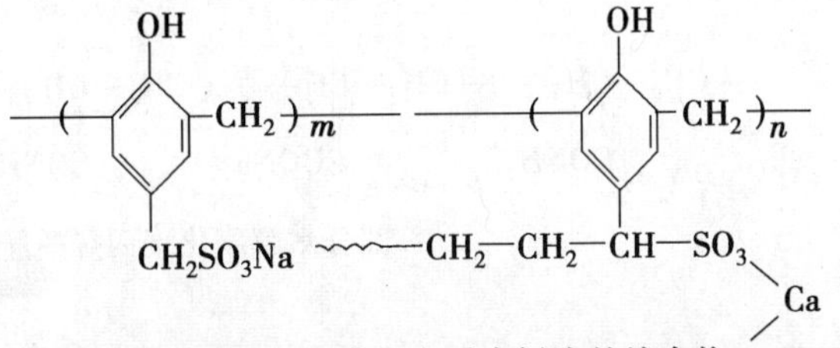

(磺甲基酚醛树脂与磺化木质素树脂的缩合物,SLSP)

（5）烯类单体聚合物

烯类单体主要包括丙烯腈、丙烯酰胺、丙烯酸、(2-丙烯酰胺-2-甲基)丙基磺酸钠和 N-乙烯吡咯烷酮等,通过二元或三元共聚,形成降滤失剂:

$$
\{CH_2-CH\}_m \quad \{CH_2-CH\}_n \quad \{CH_2-CH\}_p
$$
$$
\quad\quad | \quad\quad\quad\quad\quad | \quad\quad\quad\quad\quad |
$$
$$
\quad\quad CN \quad\quad\quad\quad\quad CONH_2 \quad\quad\quad\quad COONa
$$

（部分水解聚丙烯腈钠盐,Na-HPAN）

$$
\{CH_2-CH\}_m \quad \{CH_2-CH\}_n \quad \{CH_2-CH\}_p
$$
$$
\quad\quad CN \quad\quad\quad\quad\quad CONH_2 \quad\quad\quad\quad COOH_4
$$

（部分水解聚丙烯腈铵盐,NH$_4$-HPAN）

$$
\{CH_2-CH\}_m \quad \{CH_2-CH\}_n \quad \{CH_2-CH\}_p
$$
$$
\quad\quad CONH_2 \quad\quad\quad COONa \quad\quad\quad CONH
$$
$$
\quad\quad\quad\quad\quad\quad\quad\quad\quad\quad\quad CH_3-C-CH_2SO_3Na
$$
$$
\quad\quad\quad\quad\quad\quad\quad\quad\quad\quad\quad CH_3
$$

［丙烯酰胺、丙烯酸钠与(2-丙烯酰胺基-2-甲基)丙基磺酸钠共聚物,AM-AA-AMPS］

$$
\{CH_2-CH\}_m \quad \{CH_2-CH\}_n \quad \{CH_2-CH\}_p
$$
$$
\quad\quad CONH_2 \quad\quad\quad\quad N \quad\quad O \quad\quad\quad CONH
$$
$$
\quad\quad\quad\quad\quad H_2C \quad\quad C \quad\quad CH_3-C-CH_2SO_3Na
$$
$$
\quad\quad\quad\quad\quad H_2C-CH_2 \quad\quad\quad CH_3
$$

［丙烯酰胺、N-乙烯吡咯烷酮与(2-丙烯酰胺基-2-甲基)丙基磺酸钠共聚物,AM-VP-AMPS］

$$
\{CH_2-CH\}_m \quad \{CH_2-CH\}_n \quad \{CH_2-CH\}_p \quad \{CH_2-CH\}_r
$$
$$
\quad\quad CN \quad\quad\quad CONH_2 \quad\quad\quad COONa \quad\quad\quad COO
$$
$$
\quad\quad\quad\quad\quad\quad\quad\quad\quad\quad\quad\quad\quad\quad\quad\quad Ca
$$

（部分水解聚丙烯腈钙盐,Ca-HPAN）

$$
\{CH_2-CH\}_m \quad (CH_2-CH)_n \quad \{CH_2-CH\}_p \quad \{CH_2-CH\}_r
$$
$$
\quad\quad CONH_2 \quad\quad COONa \quad\quad CONHCH_2OH \quad CONHCH_2SO_3Na
$$

（部分水解磺化聚丙烯酰胺,SHPAM）

2.6 钻井液流变性及其控制

2.6.1 钻井液的流变模式

钻井液属于非牛顿流体,广泛应用宾汉模式、幂率模式及 Casson 模式来描述钻井液的流变性。

1)宾汉(Bingham)模式

符合 Bingham 模式的流体称为 Bingham 流体(又称塑性流体)。Bingham 流体的特点是流体所受的剪切应力必须超过一定数值时才开始流动。这一能够使流体流动的最低剪切应力(即直线在横轴的截距)称为屈服值。Bingham 流体流变曲线(直线)斜率的倒数称为塑性黏度,它反映 Bingham 流体在流动状态下内摩擦的大小。

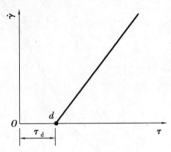

图 2.15 Bingham 流体的流变曲线

$$\tau = \tau_d + \mu_{Pv}\gamma$$

根据 $\mu_{Av} = \dfrac{\tau}{\gamma}$,得:

$$\mu_{Av} = \frac{\tau_d}{\gamma} + \mu_{Pv}$$

即 Bingham 流体的表观黏度是由塑性黏度和 $\dfrac{\tau_d}{\gamma}$ 两部分组成,由于 $\dfrac{\tau_d}{\gamma}$ 取决于 Bingham 流体中结构的强弱,故称为结构黏度。

用膨胀土配制的钻井液的流变性一般符合 Bingham 模式。图 2.16 是这类钻井液的流变曲线。从图中可以看出,这类钻井液的流变曲线(0→1→2→3→4→5)可将流动过程分成 5 个阶段:

(1)静止阶段(0→1)

当所受剪切应力小于 τ_1 时,钻井液不发生流动。

(2)塞流阶段(1→2)

当所受的剪切应力大于 τ_2 时,只有接近管壁的钻井液结构破坏,产生塞流流动。

(3)塞流-层流过渡阶段(2→3)

所受的剪切应力继续增大($\tau_2 \to \tau_3$)钻井液内部结构逐渐破坏,流动由塞流向层流过渡。

（4）层流阶段（3→4）

所受的剪切应力大于 τ_3 时，钻井液内部的结构破坏与结构恢复处于平衡状态，钻井液呈层流流动。

（5）紊流阶段（4→5）

所受的剪切应力大于 τ_4 时，钻井液开始进入紊流状态，此后已不能再用 Bingham 模式对钻井液流变性进行描述。

由图 2.16 可知，钻井液的流变性只有在层流阶段（3→4）才符合 Bingham 流体的流变模式。

图中的 τ_1 为从静止到流动的最小剪切应力，称为静切力（用 τ_g 表示），它反映钻井液在静止状态下结构的强弱。相应地，将钻井液流变曲线的直线段（3→4）的延长线与 τ 轴的交点 d 的剪切应力称为动切力（用 τ_d 表示），它反映钻井液在流动状态下结构的强弱。

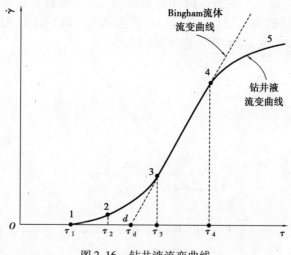

图 2.16　钻井液流变曲线

2）幂律模式

符合幂律模式的流体称为幂律流体。其流动特性可用下式表示为：

$$\tau = K\gamma^n \qquad (n < 1)$$

式中　K——稠度指数；

　　　n——流性指数。

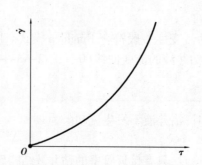

图 2.17　幂律流体（$n < 1$）的流变曲线

流性指数小于 1 的幂律流体称为假塑性流体,流性指数与流体结构强度有关,结构越强,流性指数越小(见图 2.17)。稠度系数与流体内摩擦有关,流体相邻流动层间内摩擦力越大,稠度系数越大。以聚合物配制的钻井液,大多符合幂律模式。

3)Casson **模式**

Casson 模式的数学表达式为:

$$\tau^{\frac{1}{2}} = \tau_c^{\frac{1}{2}} + \mu_\infty^{\frac{1}{2}} \gamma^{\frac{1}{2}}$$

式中　τ_c——Casson 屈服值;

　　　μ_∞——极限剪切黏度。

Casson 屈服值反映流体结构的强弱,极限剪切黏度则反映流体在高剪切速率下内摩擦的大小。Casson 屈服值及极限剪切黏度可由图解法求的。Casson 模式较宾汉模式及幂率模式所适用的剪切速率范围更宽。Casson 模式的流变曲线如图 2.18 所示。

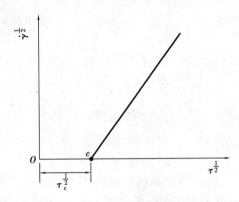

图 2.18　Casson 模式的流变曲线

此外,定量描述钻井液性能时,常用的指标包括表观黏度 μ_{Av}(Av)、塑性黏度 μ_{Pv}(Pv)、动切力 τ_d(YP)、流性指数 n、动塑比 K。这些数据都可通过旋转黏度计测得数据计算,其计算公式如下:

$$\mu_{Pv} = \theta_{600} - \theta_{300}$$

$$\tau_d = 0.51(2\theta_{300} - \theta_{600})$$

$$n = 3.22 \lg \frac{\theta_{600}}{\theta_{300}}$$

$$K = \frac{0.511\theta_{300}}{511}$$

2.6.2　钻井液流变性的调整

钻井液流变性调整主要是指调整钻井液的黏度(表观黏度)和切力(静切力及动切力)。钻井过程中,钻井液的黏度和切力过大会使得钻井液流动阻力过大、能耗过高、影响钻速,此外还可能引起钻头包泥、卡钻、钻屑不易去除和钻井液脱气困难,而钻井液的黏度和切力过小会影响钻井液携岩和井壁稳定。

钻井液的黏度和切力的调节可通过控制固相含量实现,但由于固相含量还影响钻井液的其他性能,故在合适固含量的基础上,可用流变性调整剂调节,流变性调整剂有以下两种类型:

1）降黏剂

降黏剂的主要作用机理是通过其结构中的羟基与黏土表面的羟基形成氢键而吸附在黏土表面,其他极性基团(如—COONa、—ONa)在水中解离,形成扩散双电层,提高黏土颗粒表面的负电性并增加水化层厚度,将黏土颗粒形成的结构拆散,起降低黏度和切力的作用。

常见的降黏剂有以下 3 种:

（1）改性单宁

由五倍子单宁在碱性条件下水解,引入极性基团制得。常见的有单宁酸钠、磺甲基单宁。

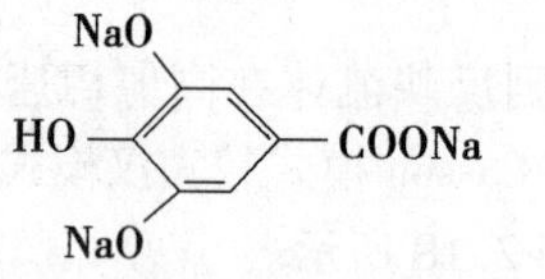

(五倍子酸钠) 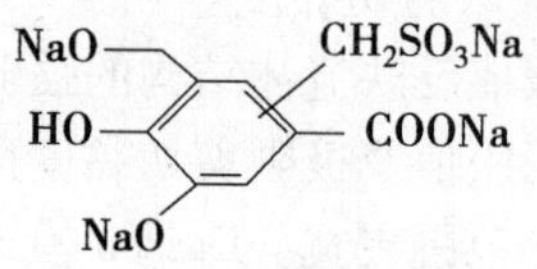　　　　　　　　　　　　(磺甲基五倍子酸钠)

（2）改性木质素磺酸盐

木质素磺酸盐是亚硫酸盐造纸法中产生的副产物,其基本结构单元可用下面的结构式表示为:

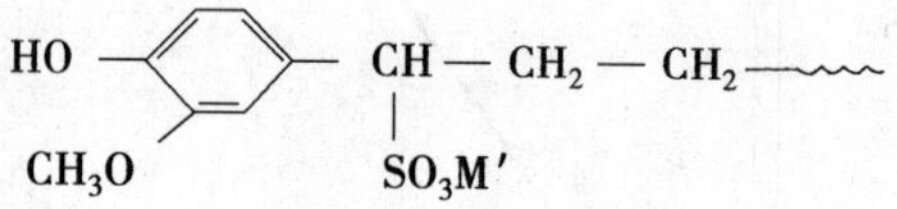

M': Na或1/2Ca

木质素磺酸盐可参与此三价金属的多核羟桥络离子的配位。若三价金属离子为 Fe^{3+} 或 Cr^{3+},则可用它们的多核羟桥络离子将木质素磺酸盐改性,形成下面的结构式:

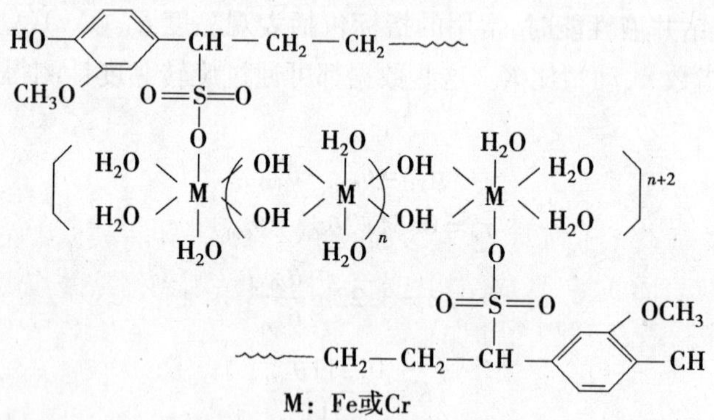

M: Fe或Cr

(铁铬木质素磺酸盐,FCLS)

铁铬木质素磺酸盐较改性单宁有更多的极性基团,其中包括耐盐、耐温的磺酸基团,故其降黏性和降切力的效果优于改性单宁。但其在使用过程中容易产生泡沫,需要加入消泡剂。

（3）烯类单体低聚物

低聚物是指相对分子质量较小（$1 \times 10^3 \sim 6 \times 10^3$）的聚合物。下列烯类单体低聚物可用作降黏剂:

$$+CH_2—CH\frac{}{}_m \quad +CH_2—CH\frac{}{}_n$$
$$\quad | \qquad\qquad | $$
$$COONa \qquad CH_2SO_3Na$$

(丙烯酸钠与丙烯磺酸钠共聚物)

$$+CH_2—CH\frac{}{}_m \quad +CH—CH\frac{}{}_n$$

SO_3Na

(苯乙烯磺酸钠与顺丁烯二酸酐共聚物,SSMA)

对于由聚合物配制的钻井液,烯类单体低聚物还可通过竞争吸附,取代原本吸附在黏土表面的聚合物,破坏原有的聚合物与黏土组成的结构,降低黏度。故对于聚合物配制的钻井液,烯类单体低聚物较改性单宁和改性木质素磺酸盐更适于作为降黏剂。

2)增黏剂

增黏剂主要有聚合物和正电胶两种。

(1)聚合物:改性纤维素及黄胞胶(XC)

适合做钻井液增黏剂的改性纤维素主要是钠羧甲基纤维素和羟乙基纤维素。聚合度和取代度越高的改性纤维素越适合做增黏剂。其作用机理如下:

①通过分子中极性基团的水化和分子间的互相纠缠,对钻井液中的水起稠化作用;

②通过在黏土颗粒表面吸附,增加黏土颗粒体积,提高其流动时所产生的阻力;

③通过桥接,在黏土颗粒间形成结构,产生结构黏度。

黄胞胶(XC)分子结构中有较大的支链,使得分子难以卷曲,故较改性纤维素具有更强的增黏效果,同时更耐盐。

(2)正电胶(MMH)

正电胶是混合金属盐溶液逐步用沉淀剂将金属离子沉淀出来而配制成的增黏剂。可用的金属盐包括二价及三价的金属盐,沉淀剂一般为氨水。

二价及三价的金属盐形成沉淀后,在表面吸附金属离子使得表面带正电荷,通过静电作用与带负电的黏土颗粒表面联结,形成结构,产生结构黏度,起到增黏的作用。

正电胶提高钻井液黏度和切力的作用具有以下特点:

①与黏土颗粒只形成结构,但不产生电性中和,因此不会引起黏土颗粒聚沉;

②在剪切应力作用下,结构易于破坏,使钻井液的剪切稀释特性更加突出。

2.7 钻井液中固相及其含量控制

2.7.1 钻井液中的固相

钻井液中的固相按不同标准分为:

①按来源,固相可分为配浆黏土、岩屑、密度调整材料和处理剂中的固相物质等。

②按密度,固相可分为高密度(≥2.7 g/cm³)固相和低密度(<2.7 g/cm³)固相。

③按表面的化学活性,固相可分为表面活性固相和表面惰性固相。

④按在钻井液中是否有用,固相可分为有用固相和无用固相。

⑤按颗粒直径,固相又可分为胶体粒子(<2 μm)、泥(2~74 μm)、砂(>74 μm)等。

2.7.2　钻井液中固相含量的控制方法

钻井液中固相含量的控制方法包括以下4种:

①沉降法:利用重力作用,使得较大的固相颗粒沉降。

②稀释法:通过加入分散介质,使得钻井液稀释,但会影响钻井液性能。

③机械设备法:通过机械设备去除较大的固相颗粒。

④化学控制法:通过加入絮凝剂,使得较小的固相颗粒絮凝,以便沉降或机械去除。

2.7.3　钻井液絮凝剂

钻井液絮凝剂是指能使钻井液中的固相颗粒聚集变大的化学剂。钻井液絮凝剂主要是水溶性的聚合物,如:

$$\begin{array}{c} + CH_2 - CH +_n \\ | \\ CONH_2 \end{array}$$

(聚丙烯酰胺,PAM)

$$\begin{array}{cc} + CH_2 - CH +_m & + CH_2 - CH +_n \\ | & | \\ CONH_2 & COONa \end{array}$$

(部分水解聚丙烯酰胺,HPAM)

$$\begin{array}{ccc} + CH_2 - CH +_m & + CH_2 - CH +_n & + CH_2 - CH +_p \\ | & | & | \\ CONH_2 & CONHCH_2OH & CONH \\ & & | \\ & & CH_2 - N^+ - CH_3 \\ & & | \\ & & CH_3 \quad Cl^- \end{array}$$

(丙烯酰胺、羟甲基丙烯酰胺与丙烯酰胺基亚甲基三甲基氯化铵共聚物,CPAM)

非离子聚合物(如PAM)和阴离子聚合物(如HPAM)通过桥接-卷曲机理即聚合物分子同时吸附两个或两个以上的颗粒表面,通过分子链的卷曲使得固体颗粒聚集。而阳离子聚合物(如CPAM)还可通过电性中和作用,减小颗粒间的静电排斥作用,使得颗粒聚集。

不同的絮凝剂作用对象不同,例如,PAM是一种非选择性絮凝剂,对于劣质土(如岩屑,表面带有少量负电荷)和优质土(如膨润土,表面带有大量负电荷)都可絮凝;HPAM是一种选择性絮凝剂,由于其分子中含有羧酸根离子,故只能通过氢键作用吸附带负电较少的劣质土;CPAM由于具有阳离子基团,所以除了氢键吸附,还可通过静电吸附黏土颗粒,故絮凝效果更强。

HPAM 是最常用的钻井液絮凝剂。影响 HPAM 絮凝作用的主要有下列因素：

①相对分子质量。相对分子质量越高,桥接-卷曲作用越明显,絮凝效果越好。HPAM 相对分子质量大于 1×10^6 时才有絮凝作用。

②水解度。HPAM 作为絮凝剂的最佳水解度为 30%,即产生足够的负电基团使得分子链伸展,又不会由于负电性而影响吸附带负电的黏土颗粒。

③浓度。不宜过高或过低,浓度过高会使 HPAM 与黏土颗粒形成网状结构不利于絮凝,浓度过低则絮凝不完全。

④pH 值。对于 HPAM,絮凝最佳的 pH 值为 7~8。pH 值越低,抑制羧酸根水解,使得分子链卷曲;pH 值越高,黏土趋于分散,不利于絮凝。

2.8　钻井液润滑性及其控制

2.8.1　钻井液润滑性

在钻井过程中,钻井液的存在,使钻柱与井壁之间的干摩擦变为钻柱与井壁(覆盖了滤饼)之间的湿摩擦,从而使得由摩擦产生的阻力(摩阻)降低。钻井液这种降低摩阻的性能,称为钻井液润滑性。钻井液的润滑性通常包括泥饼的润滑性和钻井液自身的润滑性两个方面。

钻井液润滑性可用摩阻系数来衡量。摩阻系数是指在一定条件下,相对运动物体所产生的摩擦力与垂直摩擦面作用力的比值。钻井液的摩阻系数是在摩阻系数测试仪中用滤饼(滤失性测试实验所得),在模拟钻柱与井壁之间的湿摩擦条件下测得,摩阻系数越小,钻井液润滑性就越好。

2.8.2　钻井液润滑性的改善

可在钻井液中加入润滑剂改善钻井液的润滑性。能改善钻井液润滑性的物质称为钻井液润滑剂。常见的有液体润滑剂和固体润滑剂两类。

1)液体润滑剂

液体润滑剂主要是油,其中包括植物油(如豆油、棉籽油、蓖麻油)、动物油(如猪油)和矿物油(如煤油、柴油和机械润滑油)。注意钻井液润滑剂应不影响对地层资料的分析,故需具有低荧光性或无荧光性,因此,润滑剂基础材料在选择时应尽量不含苯环,如原油(特别是重质组分原油)应尽量少用。

为使油在摩擦面上形成均匀的油膜,可在钻井液中加入表面活性剂。该表面活性剂可在摩擦面上形成吸附层。由于钻柱表面的亲水性(因有氧化膜)和井壁表面的亲水性,所以按极性相近规则吸附的表面活性剂可使这些表面反转为亲油表面,从而使油能在钻柱和井壁表面形成均匀的油膜,强化了油的润滑作用。

可用的表面活性剂主要是水溶性的表面活性剂,如：

$$C_{12}H_{25}—SO_3Na \qquad\qquad C_8H_{17}—\!\!\bigcirc\!\!—O\text{─}[CH_2CH_2O]_{10}H$$

（十二烷基磺酸钠）　　　　　（聚氧乙烯辛基苯酚醚-10,OP-10）

$$CH_3 \!\!-\!\!(CH_2)_7 CH\!\!=\!\!CH\!\!-\!\!(CH_2)_7 COONa$$

（油酸钠）

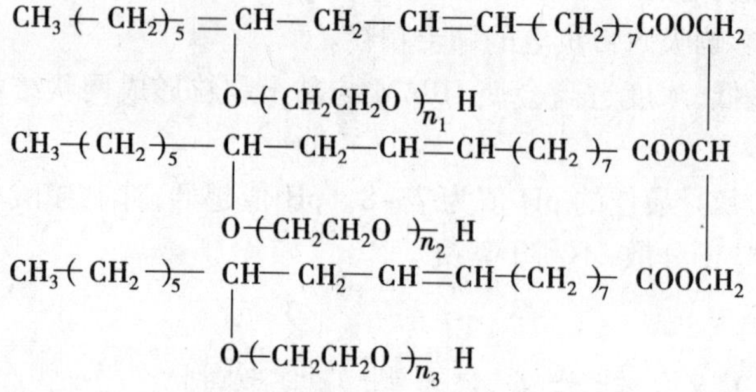

$$CH_3 \!\!-\!\!(CH_2)_5 \!\!=\!\!CH\!\!-\!\!CH_2\!\!-\!\!CH\!\!=\!\!CH\!\!-\!\!(CH_2)_7 COOCH_2$$

（聚氧乙烯蓖麻油，EL-40）

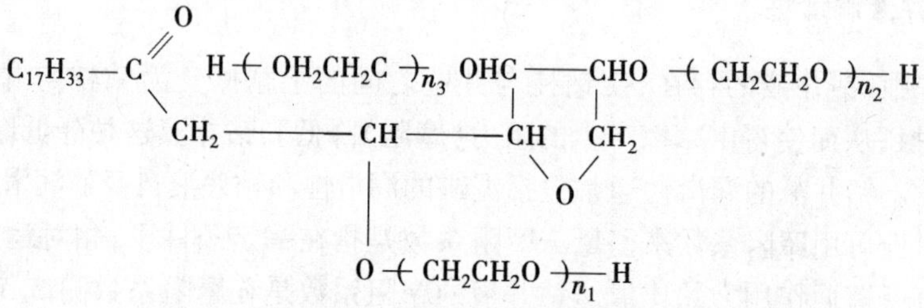

$n_1+n_2+n_3{:}40$

（山梨糖醇酐单油酸酯聚氧乙烯醚,Tween 80）

$n_1+n_2+n_3{:}21\sim26$

2）固体润滑剂

固体润滑剂主要用固体小球和石墨两种。

①常用的固体小球是塑料小球和玻璃小球。塑料小球可用聚酰胺（尼龙）小球和聚苯乙烯与二乙烯苯共聚物小球，它们具有耐温、抗压和化学惰性等优点，适于做各类钻井液的润滑剂。

玻璃小球可用不同成分的玻璃（如钠玻璃、钙玻璃）制成，具有耐温、化学惰性等优点，成本比塑料小球低，但抗压强度比塑料小球差，且易下沉。

固体润滑剂都是通过将钻柱与井壁之间的滑动摩擦变为滚动摩擦，起降低摩阻的作用。

②石墨，具有熔点高、硬度低、化学惰性、降摩阻效果明显且无荧光性等优点。通过滤失作用形成滤饼，将钻柱与井壁间的摩擦转化为低硬度石墨晶体片之间和钻柱与低硬度石墨晶体片间相对移动的摩擦，达到降低摩阻的作用。

2.9　钻井液井壁稳定性及其控制

2.9.1　井壁稳定性

井壁稳定性是指井壁能保持其原始状态的能力。而影响井壁不稳的因素有：

①地质因素:高压地层的压力释放、高构造应力地层的应力释放、松散地层的坍塌及盐岩地层的塑性变形等。

②工程因素:起下钻过程中钻头对井壁的碰撞、环空钻井液流量过大引起的对井壁的过度冲刷、起下钻速度过快引起的压力波动等。

③物理化学因素:主要是页岩与水接触后引起。所谓页岩是黏土含量较高的地层,若页岩层主要是膨胀型黏土,与水接触后发生水化膨胀和分散;若页岩层主要是非膨胀型黏土,与水接触后会引起黏土的剥落,导致井壁失稳。

2.9.2 井壁稳定性的控制方法

由于引起井壁不稳的因素不同,所以井壁稳定性的控制方法也不同。

若由地质因素引起井壁不稳,则可采用适当提高钻井液密度或化学固壁(如用硅酸钠与井壁矿物中可交换的钙、镁离子反应生成硅酸钙、硅酸镁固结井壁)的方法解决。

若由工程因素引起井壁不稳,可用改进钻井工艺的方法加以预防。

若为物理化学因素引起井壁不稳,则主要通过改进钻井液性能,如调整钻井液密度和加入页岩抑制剂等方法解决。

2.9.3 页岩抑制剂

能抑制页岩膨胀和分散的化学试剂称为页岩(膨胀)抑制剂。

1)盐

无机盐(如氯化钠、氯化铵、氯化钾、氯化钙等)和有机盐(如甲酸钠、甲酸钾、乙酸钠等),都是水溶性盐,当其在水中浓度达到一定程度后,都具有稳定页岩的作用,主要是通过压缩页岩表面扩散双电层的厚度,稳定页岩。

而水溶性盐中,稳定页岩效果最好的是钾盐和铵盐,这是因为它们的阳离子直径(见表2.5)与黏土硅氧四面体底面由氧形成的六角氧环直径(0.288 nm)相近。当这些阳离子进入黏土层间后,可将被它中和了负电性的黏土片紧紧地连在一起,对页岩膨胀起抑制作用。

表 2.5 一些阳离子的离子直径

离子	离子直径/nm	离子	离子直径/nm
Li^+	0.120	Cs^+	0.340
Na^+	0.196	NH^+	0.286
K^+	0.266	Ca^{2+}	0.212
Rb^+	0.300	Mg^{2+}	0.156

2)阳离子型表面活性剂

下列阳离子型表面活性剂有稳定页岩的作用:

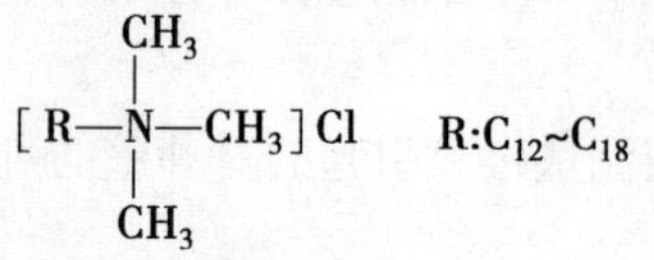

$[R—\overset{\underset{\displaystyle CH_3}{|}}{\overset{\displaystyle CH_3}{|}}{N}—CH_3]Cl$ R:C$_{12}$~C$_{18}$

(烷基三甲基氯化铵)

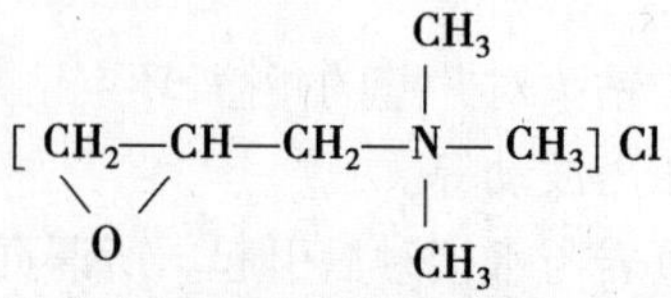

$[CH_2—CH—CH_2—\overset{\underset{\displaystyle CH_3}{|}}{\overset{\displaystyle CH_3}{|}}{N}—CH_3]Cl$

(环氧丙基三甲基氯化铵)

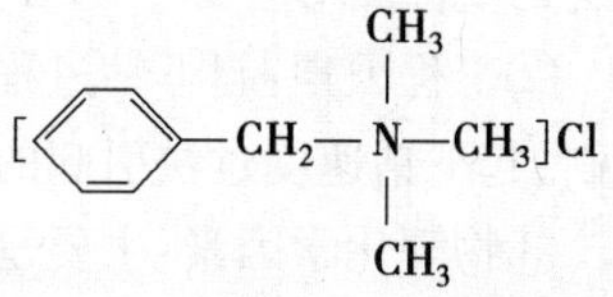

$[C_6H_4—CH_2—\overset{\underset{\displaystyle CH_3}{|}}{\overset{\displaystyle CH_3}{|}}{N}—CH_3]Cl$

(苄基三甲基氯化铵)

$[R—N—C_6H_5]Cl$ R:C$_{12}$~C$_{18}$

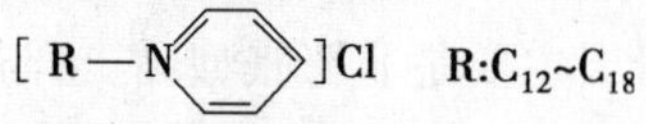

(烷基氯化吡啶)

阳离子表面活性剂通过阳离子基团在页岩表面的吸附,中和页岩表面的负电荷并使得页岩表面润湿性发生反转,由原本的亲水性转化为亲油性而起到稳定页岩的作用。

3)阳离子型聚合物

下列阳离子型聚合物有稳定页岩的作用:

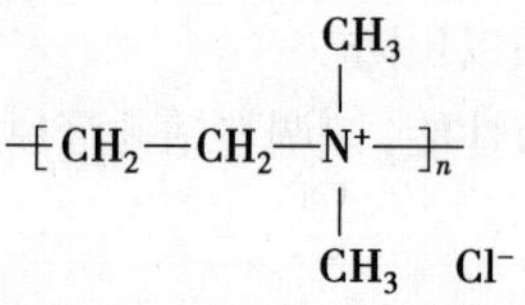

(聚1,2-亚乙基二甲基氯化铵)

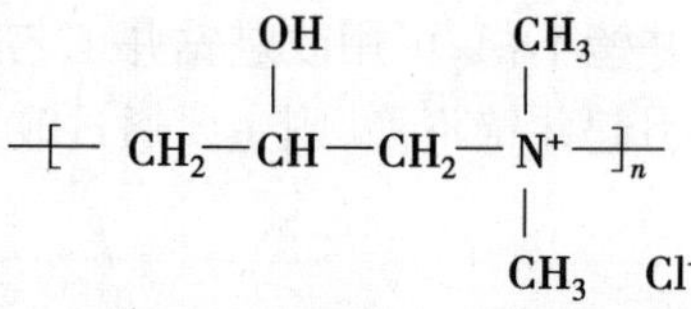

(聚2-羟基-1,3-亚丙基二甲基氯化铵)

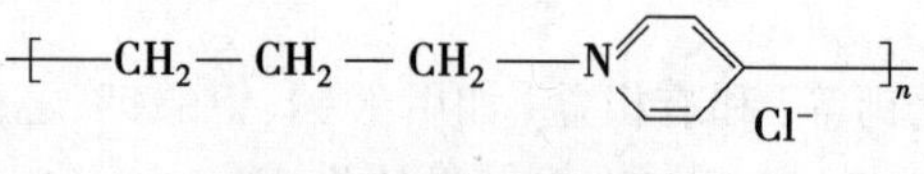

(聚1,3-亚丙基氯化吡啶)

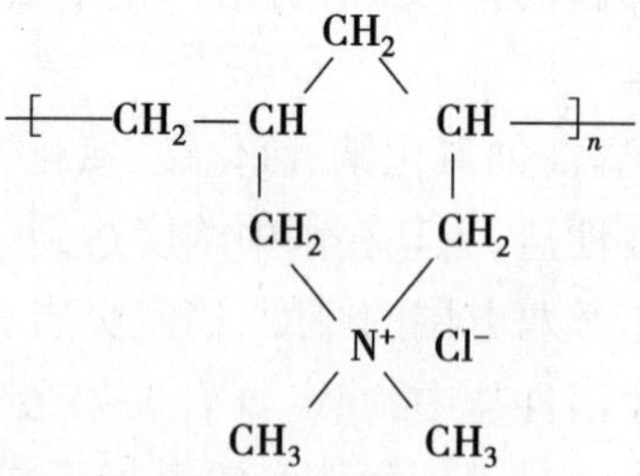

(聚二烯丙基二甲基氯化铵)

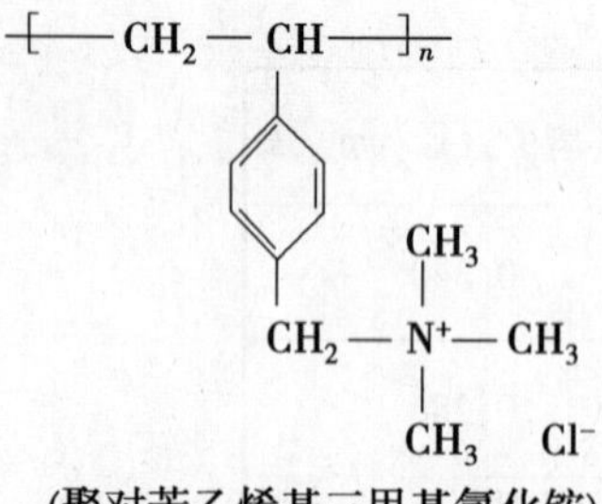

(聚对苄烯基三甲基氯化铵)

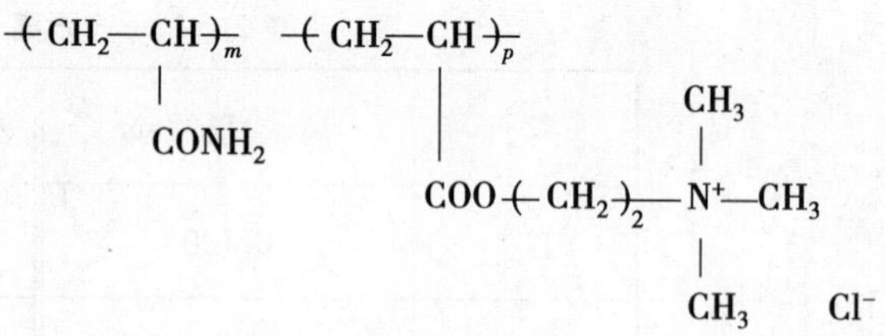

(丙烯酰胺与丙烯酸-1,2-亚乙酯基三甲基氯化铵共聚物)

阳离子型聚合物主要通过中和页岩表面的负电性和在黏土片间通过桥接吸附起稳定页岩的作用。

4)非离子型聚合物

在非离子型聚合物中,主要用醚型聚合物,如:

$$—[\!\!—CH_2—CH—O—]\!\!—_n$$
$$\qquad\qquad|$$
$$\qquad\quad CH_3$$

(聚丙二醇)

$$CH_3—CH—O—(\!\!—C_3H_6O—\!\!)_m—(\!\!—C_2H_4O—\!\!)_n H$$
$$\qquad\qquad|$$
$$\qquad\quad CH_2—O—(\!\!—C_3H_6O—\!\!)_m—(\!\!—C_2H_4O—\!\!)_n H$$

(聚氧乙烯聚氧丙烯丙二醇醚)

$$—[\!\!—CH_2—CH_2—O—]\!\!—_n$$

(聚乙二醇)

一定浓度的醚型聚合物,在地面温度下是水溶的,但当温度上升到一定程度时(到达一定的地层深度),由于氢键被削弱而饱和析出,吸附在页岩表面,封堵页岩的孔隙、阻碍页岩与水的接触而起到稳定页岩的作用。

5)改性沥青

沥青由少量烃化合物(分子中只含碳、氢元素)和大量非烃化合物(分子中除含碳、氢元素外还含氧、硫、氮等元素)组成。

而改性沥青是通过氧化或磺化作用使沥青具有一定的水溶性,吸附在页岩表面后,封堵页岩的孔隙、形成憎水油膜、阻碍页岩与水的接触而起到稳定页岩的作用。

2.10　常见的钻井液体系

钻井液体系是指一般地层和特殊地层(如页岩层、盐膏层、页岩层、高温层等)钻井用的各类钻井液。

钻井液体系通常按分散介质分成 3 类,即水基钻井液、油基钻井液和气体钻井流体。

这 3 类钻井液还可按其他标准再分类,如水基钻井液又可按其对页岩的抑制性分为抑制性钻井液和非抑制性钻井液,其中抑制性钻井液又可按处理剂的不同分为钙处理钻井液、钾盐钻井液、硅酸盐钻井液、聚合物钻井液、正电胶钻井液等。

2.10.1　水基钻井液

水基钻井液是以水作分散介质的钻井液,由水、膨润土和处理剂配成。它又可进一步分为非抑制性钻井液、抑制性钻井液或水包油钻井液和(水基)泡沫钻井液。

1)非抑制性钻井液

非抑制性钻井液是以降黏剂为主要处理剂配成的水基钻井液。由于降黏剂是通过拆散黏土颗粒间结构而起降低黏度和切力作用的,所以降黏剂又称为分散剂。以降黏剂为主要处理剂配成的水基钻井液又称为分散型钻井液。

这种钻井液具有密度高(超过 2 g/cm³)、滤饼致密且坚韧、滤失量低、耐高温(超过 200 ℃)的特点。

由于这种钻井液中黏土亚微米颗粒(直径小于 1 μm 的颗粒)的含量高(超过固相质量的 70%),因此对钻井速度有不利的影响。

为保证这种钻井液的性能,要求钻井液中膨润土含量控制在 10% 以内,并且随密度增加和温度升高而相应减少,同时要求钻井液中的盐含量小于1%,pH值必须超过10,以使降黏剂的作用得以发挥。

这种钻井液适用于在一般地层打深井(深度超过 4 500 m 的井)和高温井(温度在200 ℃以上的井),但不适用于打开油层、岩盐层、石膏层和页岩层。

2)抑制性钻井液

抑制性钻井液是以页岩抑制剂为主要处理剂配成的水基钻井液。由于页岩抑制剂可使黏土颗粒保持在较粗的状态,因此,这种钻井液又称为粗分散钻井液。它是未来克服非抑制性钻井液的缺点(亚微米黏土颗粒含量高和耐盐能力差)而发展起来的。这种钻井液可按页岩抑制剂的不同进行再分类,具体如下:

(1)钙处理钻井液

钙处理钻井液是以钙处理剂为主要处理剂的水基钻井液。可用的钙处理剂包括石灰、石膏和氯化钙等,它们分别称为石灰处理钻井液(又称石灰钻井液)、石膏处理钻井液(又称石膏钻井液)和氯化钙处理钻井液(又称氯化钙钻井液)。

钙处理钻井液具有抗钙侵、稳定页岩和控制钻井液中黏土分散性等特点。

为了保证这种钻井液的性能,要求石灰处理钻井液的 pH 值在 11.5 以上,质量浓度为 $0.12 \sim 0.20$ g/L,过量的石灰(补充与钻屑离子交换所消耗的 Ca^{2+})质量浓度为 $3 \sim 6$ g/L;要求石膏处理钻井液的 pH 值 $9.5 \sim 10.5$,Ca^{2+} 质量浓度为 $0.6 \sim 1.5$ g/L,过量的石膏(也是补充与钻屑离子交换所消耗的 Ca^{2+})质量浓度为 $6 \sim 12$ g/L;要求氯化钙处理钻井液的 pH 值为 $10 \sim 11$,Ca^{2+} 质量浓度为 $3 \sim 4$ g/L。

钙处理钻井液需加入少量的降黏剂,使钻井液颗粒处于适度的分散状态,以维持钻井液稳定的使用性能。这种钻井液特别适用于石膏层的钻井。

(2)钾盐钻井液

钾盐钻井液是以聚合物钾盐或聚合物铵盐和氯化钾为主要处理剂配成的水基钻井液。

钾盐钻井液具有抑制页岩膨胀、分散,控制地层造浆,防止地层坍塌和减少钻井液中黏土亚微米颗粒含量等特点。

为了保证这种钻井液的性能,要求钻井液的 pH 值控制在 $8 \sim 9$,钻井液滤液中 K^+ 的质量浓度大于 18 g/L。钾盐钻井液主要用于页岩层的钻井。

(3)盐水钻井液

盐水钻井液是以盐(氯化钠)为主要处理剂配成的水基钻井液。盐的质量浓度从 10 g/L(其中 Cl^- 的质量浓度约为 6 g/L)直到饱和(其中 Cl^- 的质量浓度约为 180 g/L)。在盐水钻井液中,盐含量达到饱和的钻井液被称为饱和盐水钻井液。

盐水钻井液具有耐盐,耐钙、镁离子,对页岩层稳定能力强,滤液对油气层伤害小等特点。

为了保证这种钻井液的性能,在配制钻井液时,最好使用耐盐黏土(如海泡石)和耐盐,耐钙、镁离子的处理剂。为了防止盐水对钻具的腐蚀,应加入缓蚀剂。对饱和盐水钻井液,还应加入盐结晶抑制剂,以防止盐结晶析出。

盐水钻井液适用于海上钻井或近海滩及其他缺乏淡水地区的钻井。饱和盐水钻井液主要用于岩盐层、页岩层和岩盐与石膏混合层的钻井。

（4）硅酸盐钻井液

硅酸盐钻井液是以硅酸盐为主要处理剂配成的水基钻井液。

由于硅酸盐中的硅酸根可与井壁表面和地层水中的钙、镁离子反应，产生硅酸钙、硅酸镁沉淀并沉积在井壁表面形成保护层，因此，硅酸盐钻井液具有抗钙侵和控制页岩膨胀、分散的能力。使用时，要求钻井液 pH 值为 11 ~ 12，因为 pH 值低于 11 时，硅酸根会转变为硅酸而使处理剂失效。

硅酸盐钻井液特别适用于石膏层和石膏与页岩混合层的钻井。

（5）聚合物钻井液

聚合物钻井液是以聚合物为主要处理剂配成的水基钻井液。

由于聚合物的桥接作用，使钻井液中的黏土颗粒保持在较粗的状态，同时由于聚合物的吸附，使钻屑的表面受到吸附层的保护而不分散成更细的颗粒，因此，用聚合物钻井液钻井，可以有更高的钻井速度。聚合物钻井液又称为不分散钻井液。

根据所使用的聚合物，聚合物钻井液又可分为以下 4 类：

①阴离子型聚合物钻井液。这是以阴离子型聚合物为主要处理剂配成的水基钻井液。这种钻井液具有携岩能力强、黏土亚微米颗粒少、水眼黏度（指钻头水眼处高剪切速率下的黏度）低、对井壁有稳定作用和油气层有保护作用等特点。为保证这种钻井液的性能，要求钻井液的固相含量不超过 10%（最好小于 4%）；固相中的岩屑与膨润土的质量比控制在（2 ~ 3）∶1 的范围；钻井液的动切力与塑性黏度之比控制在 0.48 Pa(mPa·s)$^{-1}$附近。这种钻井液适用于井深小于 3 500 m，井温低于 150 ℃地层的钻井。

②阳离子型聚合物钻井液。这是以阳离子型聚合物为主要处理剂配成的水基钻井液。由于阳离子型聚合物有桥接和中和页岩表面负电性的作用，所以它有很强的稳定页岩的能力。此外，还可加入阳离子型表面活性剂，它可扩散至阳离子型聚合物不能扩散进去的黏土晶层间，起稳定页岩的作用。阳离子型聚合物钻井液特别适用于页岩层的钻井。

③两性离子型聚合物钻井液。这是以两性离子聚合物为主要处理剂配成的水基钻井液。由于两性离子聚合物中的阳离子基团可起到阳离子型聚合物稳定页岩的作用，而阴离子基团可通过它的水化作用提高钻井液的稳定性，加上这种聚合物与其他处理剂的配伍性好，从而使这种钻井液称为一种性能优异的钻井液。

④非离子型聚合物钻井液。这是一种以醚型聚合物为主要处理剂配成的水基钻井液。这种钻井液具有无毒、无污染、润滑性能好、防止钻头泥包和卡钻的能力强、对井壁有稳定作用、对油气层有保护作用等特点，特别适用于海上钻井和页岩层的钻井。

（6）正电胶钻井液

正电胶钻井液是以正电胶为主要处理剂的水基钻井液。这种钻井液具有携岩能力强、稳定井壁性能好，对油气层有保护作用等特点，适用于水平井钻井和打开油气层。

3）水包油型钻井液

若在水基钻井液中加入油和水包油型乳化剂，就可配成水包油型钻井液。

配制水包油型钻井液的油可用矿物油或合成油。前者主要为柴油或机械油（简称机油），其中影响测井的荧光物质（芳香烃物质）可用硫酸精制法除去；后者主要为不含荧光物质的有机化合物。

在使用时要求上述合成油的性质与矿物油的性质相近，即 25 ℃时密度为 0.76 ~

0.86 g/cm^{-3},黏度为 $2 \sim 6 \text{ mPa·s}$。

配制水包油型钻井液的乳化剂都是水溶性表面活性剂,如烷基磺酸钠、烷基醇硫酸酯钠盐、聚氧乙烯烷基醚等。

水包油型钻井液具有润滑性能好,滤失量低、对油气层有保护作用等特点。

水包油型钻井液适用于易卡钻或易产生钻头泥包地层的钻井。

4)泡沫钻井液

若在水基钻井液中计入起泡剂并通入气体,就可配成泡沫钻井液。由于它以水作分散介质,所以属于水基钻井液。

配制泡沫钻井液的气体可用氮气和二氧化碳。

配制泡沫钻井液的起泡剂可用水溶性表面活性剂,如烷基磺酸钠、烷基苯磺酸钠、烷基硫酸酯钠盐、聚氧乙烯烷基醇醚、聚氧乙烯烷基醇醚硫酸酯钠盐等。

泡沫钻井液中的膨润土含量由井深和地层压力决定。泡沫钻井液具有摩阻低、携岩能力强、对低压油气层具有保护作用等特点。为了保证这种钻井液的性能,要求钻井液在环控中的上返速度大于 0.5 m/s。

泡沫钻井液主要用于低压易漏地层的钻井。

2.9.2 油基钻井液

油基钻井液是以油作分散介质的钻井液,由油、有机土和处理剂组成。油基钻井液中还包含水,并可按水的含量将油基钻井液分成两类:

1)纯油相钻井液

油基钻井液中将水含量小于10%的油基钻井液称为纯油相钻井液。

配制纯油相钻井液的油可用矿物油(如柴油、机油等)和合成油(如直链烷烃、直链烯烃、聚 α-烯烃等)。配制纯油相钻井液的有机土是用季铵盐表面活性剂处理的膨润土。季铵盐型表面活性剂在膨润土颗粒表面吸附,可将表面转变为亲油表面,从而使其易在油中分散。

配制纯油相钻井液主要使用的处理剂为降滤失剂(如氧化沥青)和乳化剂(如硬脂酸钠)。

纯油相钻井液具有耐温、防塌、防卡、防腐蚀、润滑性能好和保护油气层等特点,但缺点是成本高、污染环境和不安全。

纯油相钻井液适用于页岩层、岩盐层和石膏层的钻井,并特别适用于高温地层钻井和打开油气层。

2)油包水型钻井液

若在纯油相钻井液中加入水(含量大于10%)和油包水型乳化剂,就可配成油包水型钻井液。配制油包水型钻井液的乳化剂主要是油溶性表面活性剂。

油包水型钻井液同样具有纯油相钻井液的特点,但它的成本低于纯油相钻井液。油包水型钻井液有与纯油相钻井液相同的使用范围。

2.9.3 气体钻井流体

起钻井液作用的气体(如空气、天然气)称为气体钻井流体。

为保证岩屑的携带,气体钻井流体的环空上返速度必须大于 15 m/s。

气体钻井流体具有提高钻速和保护油气层等优点,但存在干摩擦和易着火或爆炸等缺点,当地层出水后也易造成卡钻、井塌等事故。

气体钻井流体适用于漏失层、低压油气层及研制缺水地区的钻井。

习 题

2.1　解释不同黏土矿物膨胀性不同的原因。

2.2　分析钻井液性质与功能间的关系，举例说明。

2.3　试分析影响钻井液滤失量的因素有哪些？

2.4　分析钻井液降滤失剂的作用机理，举例说明。

2.5　钻井液中的固相有哪些，对钻井液性能的影响如何？

2.6　页岩膨胀抑制剂的作用机理是什么？

第 3 章
固井液及其化学处理

水泥浆是固井中使用的工作液。这里提到的固井是一种作业,该作业有两个主要环节,即下套管和注水泥。注水泥是由套管向井壁与套管的环空注入水泥浆并让它上返至一定高度,水泥浆随后变成水泥石将井壁与套管固结起来。

本章主要介绍水泥浆的功能、组成、性能及其化学处理,也对应钻井液体系介绍了在一般情况和特殊情况下使用的水泥浆体系。

3.1 固井液功能与组成

3.1.1 水泥浆的功能

水泥浆的功能是固井。固井可达到下述目的:

①固定和保护套管,钻井过程中所下的套管必须通过固井作业固定,此外,套管外的水泥石可减小地层对套管的挤压,起保护套管的作用。

②保护高压油气层,当钻遇高压油气层时,易发生井喷事故,要提高钻井液密度以平衡地层压力,钻完高压地层后必须下套管固井,将高压油气层保护起来。

③封隔严重漏失层和其他复杂层,当钻井遇到严重漏失层时,要降低钻井液密度和加入堵漏材料,钻完严重漏失层后必须下套管固井,保证后续作业的进行。

3.1.2 水泥浆的组成

水泥浆由水、水泥、外加剂和外掺料组成。

1)水

配制水泥浆的水可以是淡水或盐水(包括海水)。

2)水泥

配制水泥浆用的水泥是由石灰石、黏土在 1 450 ~ 1 650 ℃下煅烧、冷却、磨细而成,它主要含下列硅酸盐和铝酸盐。

(1)硅酸三钙($3CaO \cdot SiO_2$,C_3S)

硅酸三钙是水泥中含量最多的矿物成分,一般在油井水泥中含量为 40% ~ 65%,水化反应速率高、强度增加速率高,是水泥产生强度的主要化合物。

(2)硅酸二钙 (2CaO·SiO$_2$,C$_2$S)

硅酸二钙一般在油井水泥中含量为 20% ~ 30%,水化反应速率较慢,强度增加速率较低,主要影响水泥石的后期强度。

(3)铝酸三钙(3CaO·Al$_2$O$_3$,C$_3$A)

铝酸三钙是促进水泥快速水化的矿物成分,含量较低,水化热较大,对水泥的初凝时间和稠化时间有较大影响。

(4)铁铝酸四钙(4CaO·Fe$_2$O$_3$·Al$_2$O$_3$,C$_4$AF)

铁铝酸四钙是水泥水化热较低的矿物成分,其水化速率、强度增加速率与铝酸三钙类似。若含量过高,会导致水泥石强度下降。

此外,水泥中还含有石膏、碱金属硫酸盐、氧化镁和氧化钙等。这些组成,对水泥中的水化速率和水泥固化后的性能,都有一定的影响。

固井用的水泥称为油井水泥。

在 API(American Petroleum Institute)标准分类,油井水泥分 A、B、C、D、E、F、G、H、J 9 个级别。按我国石油行业(SY)标准分类,油井水泥根据适用的地层温度分成 45、75、95 和 120 ℃ 4 个级别。

3)水泥浆的外加剂与外掺料

为了调节水泥浆性能,需在其中加入一些特殊物质,其加入量小于或等于水泥质量 5% 的物质称为外加剂;其加入量大于水泥质量 5% 的物质,则称为外掺料。

若按用途,则可将水泥浆外加剂与外掺料合在一起分成 7 类,即水泥浆促凝剂、水泥浆缓凝剂、水泥浆减阻剂、水泥浆膨胀剂、水泥浆降滤失剂、水泥浆密度调整外掺料、水泥浆防漏外掺料。

3.2 水泥浆密度调节

在固井作业中,为使得水泥浆能将井壁与套管间的钻井液替换彻底,一般从井底向井壁与套管间环空挤注水泥浆,这就要求水泥浆的密度大于钻井液密度,但又不能过大,以免大量水泥浆在压差作用下进入地层。

配制水泥浆时,水与水泥的质量比称为水灰比,一般为 0.3 ~ 0.5,所配得的水泥浆密度则为 1.8 ~ 1.9 g/cm^3。根据作业条件及地层情况,水泥浆的密度需调节至不同范围,一般通过加入密度调整外掺料实现,包括降低密度和提高密度的外掺料。

3.2.1 降低水泥浆密度外掺料

能降低水泥浆密度的物质称为降低水泥浆密度外掺料。在低压油气层或易漏地层固井时,需在水泥浆中加入降低水泥浆密度外掺料。

降低水泥浆密度外掺料有下列 4 种:

1)黏土

黏土的固相密度(2.4 ~ 2.7 g/cm^3)低于水泥的固相密度(3.1 ~ 3.2 g/cm^3),若以部分黏土替代水泥配制水泥浆时,就可将水泥浆的密度降低。这是密度较低的固体降低水泥浆密度的部分替代机理。

此外,黏土还有其他密度较低固体所没有的降低水泥浆密度的机理,即稠化机理。由于黏土(特别是钠膨润土)对水有优异的稠化作用,因此,可大幅度增加水泥浆中的水含量,从而有效地达到降低水泥浆密度的作用。

黏土在水泥浆中的加量一般为水泥质量的 5% ~ 32%,可用于配制密度为 1.3 ~ 1.8 g/cm^3 的水泥浆。

若配制水泥浆的水为淡水或低浓度盐水,可用膨润土为降低水泥浆密度外掺料;若配制水泥浆的水为高浓度盐水,可用坡缕石或海泡石泥为降低水泥浆密度外掺料。

2)粉煤灰

粉煤灰是粉煤燃烧产生的空心颗粒,主要组成为二氧化硅,见表3.1,粉煤灰固相密度(约 2.1 g/cm^3)比水泥的固相密度低。

若用粉煤灰部分代替水泥配制水泥浆时,就可将水泥浆的密度降低。用粉煤灰可以配得密度为 1.60 ~ 1.79 g/cm^3 的水泥浆。

表 3.1　一种粉煤灰组成的分析结果

组　成	含量/%	组　成	含量/%
SiO_2	55 ~ 65	CaO	1 ~ 3
Al_2O_3	25 ~ 3	MgO	<4
Fe_2O_3	3 ~ 5	烧失量	<2

3)膨胀珍珠岩

膨胀珍珠岩是通过珍珠岩高压熔融,然后迅速减压,冷却所产生的多孔性固体。固体中的孔隙是由珍珠岩中的结晶水在高温减压时汽化形成。膨胀珍珠岩的固相密度(约 2.4 g/cm^3)低于水泥的固相密度。

若用膨胀珍珠岩部分代替水泥配制水泥浆时,就可将水泥浆的密度降低。用膨胀珍珠岩可以配得密度为 1.1 ~ 1.2 g/cm^3 的水泥浆。

4)空心玻璃微珠

空心玻璃微珠是将熔融的玻璃通过特殊喷头喷出产生。空心玻璃微珠的粒径为 20 ~ 200 μm,壁厚为 0.2 ~ 0.4 μm,表观密度为 0.4 ~ 0.6 g/cm^3。

此外,可用空心陶瓷微珠(表观密度约为 0.7 g/cm^3)和空心脲醛树脂微珠(表观密度约为 0.5 g/cm^3)配得低密度水泥浆。

若用空心玻璃微珠部分代替水泥配制水泥浆时,就可将水泥浆的密度降低。用空心玻璃微珠可以配得密度为 1.0 ~ 1.2 g/cm^3 的水泥浆。

3.2.2　提高水泥浆密度外掺料

能提高水泥浆密度的物质称为提高水泥浆密度外掺料。在高压油气层固井时,需在水泥浆中加入提高水泥浆密度外掺料。

提高水泥浆密度外掺料有高密度固体粉末和水溶性盐两种。

1）高密度固体粉末

高密度固体有重晶石、菱铁矿、钛铁矿、磁铁矿、黄铁矿等。将这些高密度材料磨成一定粒度的粉末加入水泥浆中,可提高水泥浆密度。用高密度固体粉末可配制密度为 2.1 ~ 2.4 g/cm³的水泥浆。

2）水溶性盐

水溶性盐是通过提高水相密度提高水泥浆的密度。水溶性盐主要用氯化钠将水泥浆密度提高到 2.1 g/cm³。

除此之外,可通过加入水泥浆减阻剂,在保证水泥浆流变性的前提下,大幅降低水泥浆水灰比,从而提高水泥浆密度。

3.3　固井水泥浆稠化及稠化时间的调节

3.3.1　水泥浆稠化

1）稠化时间

水与水泥混合后的行为主要表现为水泥浆逐渐变稠。水泥浆这种逐渐变稠的现象称为水泥浆稠化。水泥浆稠化的程度用稠度表示。水泥浆的稠度是用稠化仪通过测定一定转速的叶片在水泥浆中所受的阻力得到,单位为 Bc。水泥浆稠化速率用稠化时间表示。稠化时间是指水与水泥混合后稠度达到 100 Bc 所需的时间。水泥浆稠化时间由水泥浆稠度随时间变化的曲线决定。图 3.1 为一种典型水泥浆的稠度随时间变化的曲线。从图中可知,水泥浆在预定的温度和压力下,前期稠度基本不变,直到某时刻,稠度"突跃",在数分钟或十多分钟内增至 100 Bc。

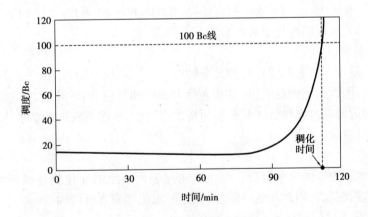

图 3.1　水泥浆稠度随时间变化的曲线

稠化时间是控制水泥浆作业的关键。如果水泥浆尚未达到预定位置就由于稠化而无法泵送,则造成固井施工的重大安全事故。稠化时间还作为水泥候凝时间的参考数据。

2）水泥中各组分的水化反应

水泥浆稠化是由水泥水化引起。在水中,水泥中各组分可发生下列水化反应:

$$3CaO \cdot SiO_2 + 2H_2O \longrightarrow 2CaO \cdot SiO_2 \cdot H_2O + Ca(OH)_2$$
（硅酸三钙）

$$2CaO \cdot SiO_2 + H_2O \longrightarrow 2CaO \cdot SiO_2 \cdot H_2O$$
（硅酸二钙）

$$3CaO \cdot Al_2O_3 + 6H_2O \longrightarrow 3CaO \cdot Al_2O_3 \cdot 6H_2O$$
（铝酸三钙）

$$4CaO \cdot Al_2O_3 \cdot Fe_2O_3 + 7H_2O \longrightarrow 3CaO \cdot Al_2O_3 \cdot 6H_2O + CaO \cdot Fe_2O_3 \cdot H_2O$$
（铁铝酸四钙）

水化产生的 $Ca(OH)_2$ 还可分别与 $3CaO \cdot Al_2O_3$ 和 $4CaO \cdot Al_2O_3 \cdot Fe_2O_3$ 发生水化反应：

$$3CaO \cdot Al_2O_3 + Ca(OH)_2 + (n-1)H_2O \longrightarrow 4CaO \cdot Al_2O_3 \cdot nH_2O$$

$$4CaO \cdot Al_2O_3 \cdot Fe_2O_3 + 4Ca(OH)_2 + 2(n-1)H_2O \longrightarrow 8CaO \cdot Al_2O_3 \cdot Fe_2O_3 \cdot 2nH_2O$$

3）水泥水化过程的阶段

可用量热法研究水泥的水化过程。图 3.2 为水泥水化时的放热速率随时间变化的示意图。

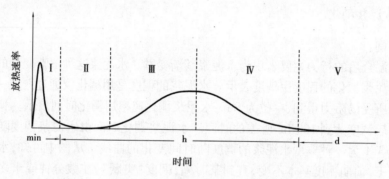

图 3.2　水泥水化时的放热速率随时间变化的示意图

Ⅰ—预诱导阶段；Ⅱ—诱导阶段；Ⅲ—固化阶段；Ⅳ—硬化阶段；Ⅴ—终止阶段

从图 3.2 可知，水泥的水化过程可分为 5 个阶段：

（1）预诱导阶段

预诱导阶段是在水与水泥混合后的几分钟时间内。在这个阶段，由于水泥干粉被水润湿并开始水化反应，因此放出大量的热（其中包括润湿热和反应热）。水化反应生成的水化物在水泥颗粒表面附近形成过饱和溶液并在表面析出，阻止了水泥颗粒进一步水化，使水化速率迅速下降，进入诱导阶段。

（2）诱导阶段

诱导阶段，水泥的水化速率很低。但由于水泥表面析出的水化物逐渐溶解（因它对水泥浆的水相并未达到饱和），因此在这一阶段的后期，水化速率有所增加。

（3）固化阶段

固化阶段，水化速率增加，水泥水化产生大量的水化物，它们首先溶于水中，随后饱和析出，在水泥颗粒间形成网络结构，使水泥浆固化。

（4）硬化阶段

硬化阶段，水泥颗粒间的网络结构变得越来越密，水泥石的强度越来越大，因此，渗透率越来越低，影响未水化的水泥颗粒与水的接触，水化速率越来越低。

（5）终止阶段

终止阶段，渗入水泥石的水越来越少，直至不能渗入，从而使水泥的水化停止，完成了水泥水化的全过程。

4）水泥稠化（固化）机理

水泥稠化（固化）的机理尚不十分明确，普遍接受的是凝聚共结晶理论。该理论将水泥水化过程分为3步：

①水泥颗粒遇水，颗粒表面发生水化反应，水化产物增加，达到饱和后，水化产物一部分以胶态粒子或细小晶体析出，使水泥成为溶胶体系，称为溶胶期。

②随着水化的进行，胶体粒子增加、聚结，形成凝胶结构，水泥浆丧失流动性而凝固，称为凝结期。

③大量的水化物晶体互相连接的同时，凝胶内部继续水化，结构强度大大提高，逐渐硬化，形成水泥石，称为硬化期。

凝聚共结晶理论认为：

①水泥首先与水接触，发生水化反应，生成各种水化产物（胶体颗粒）和氢氧化钙晶体，分散于水中。

②水化产物高度分散，且具有较大的比表面积，导致体系的表面能最大。为降低表面能，胶体颗粒自发的聚集形成网状结构，其中包含大量的水-凝胶态。

③氢氧化钙晶体及其他晶体物质通过分子间力和化学键结合，同样构成网状结构-结晶网。

④随着水化反应的进行，凝聚-结晶网密度增大、强度逐渐增强，最终硬化形成水泥石。

3.3.2 水泥浆稠化时间的调整

为满足施工要求，需调整水泥浆的稠化时间。能调整水泥浆稠化时间的物质称为调凝剂。调凝剂又可分为促凝剂和缓凝剂。

1）水泥浆促凝剂

能缩短水泥浆稠化时间的调凝剂称为水泥浆促凝剂。促凝剂一般是无机盐和一些低相对分子质量的有机物。

（1）无机盐

氯化钙是典型的无机盐水泥浆促凝剂，它的加入量对水泥浆稠化时间的影响见表3.2。

表3.2 氯化钙加入量对水泥浆稠化时间的影响

CaCl$_2$/%	稠化时间/min		
	32 ℃	40 ℃	45 ℃
0	240	180	152
2	77	71	61
4	75	62	59

从表3.2中可知，氯化钙的加入可明显地缩短水泥浆的稠化时间。

氯化钙的促凝机理主要是通过压缩析出水化物表面的扩散双电层，使它在水泥颗粒间形成有高渗透性的网络结构，有利于水的渗入和水化反应的进行而起促凝作用。表3.3表明氯化钙除了能起促凝作用外,还能提高水泥石早期的抗压强度。

表3.3　氯化钙加入量对水泥石早期抗压强度的影响

CaCl$_2$/%	抗压强度/MPa		
	6 h	12 h	24 h
0	2.6	5.9	12.5
2	7.8	16.6	27.6
4	9.2	17.9	31.2

其他水溶性盐(如氯化物、碳酸盐、磷酸盐、硫酸盐、铝酸盐、低分子有机酸盐等)均有与氯化钙类似的促凝作用。

(2)有机促凝剂

甲酸钙、甲酸铵、尿素、三乙醇胺、乙二醛都属于有机促凝剂。甲酸钙、甲酸铵、尿素的促凝机理与氯化钙类似,只是效果不同。三乙醇胺不仅具有促凝作用,还有早强作用,其机理是加快水化铝酸钙转变成复盐结晶和钙矾石的生成。三乙醇胺对于降低某些降失水剂和分散剂给水泥带来的过分缓凝作用特别有效。

2)水泥浆缓凝剂

能延长水泥浆稠化时间的调凝剂称为水泥浆缓凝剂。

(1)水泥浆缓凝剂分类

①硼酸及其盐,如:

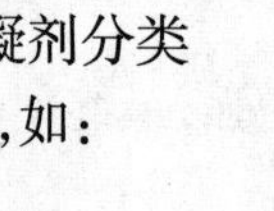

(硼酸) 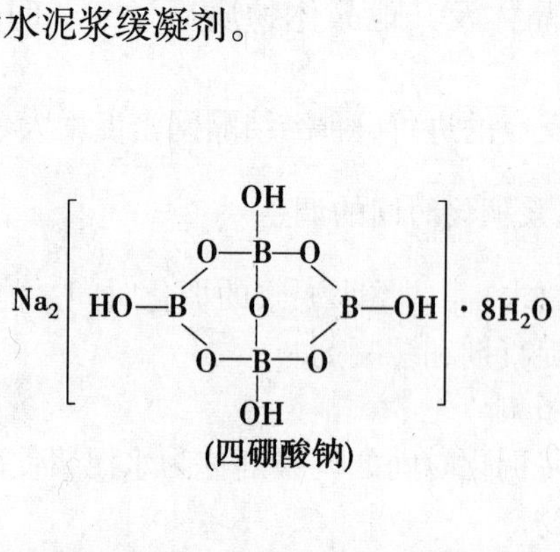　　　　　　　　　(四硼酸钠)

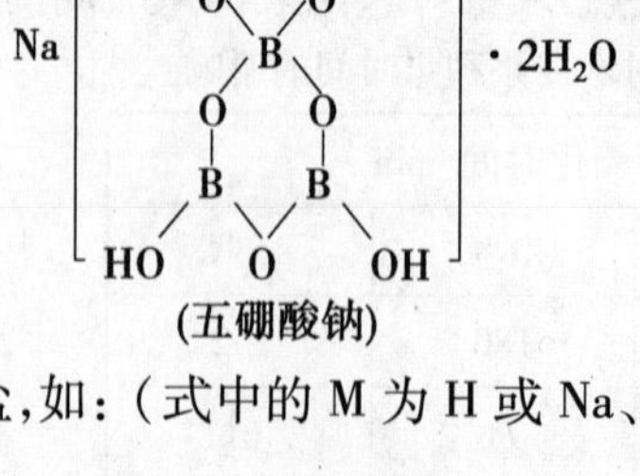

(五硼酸钠)

②磷酸及其盐,如:(式中的 M 为 H 或 Na、K 等)

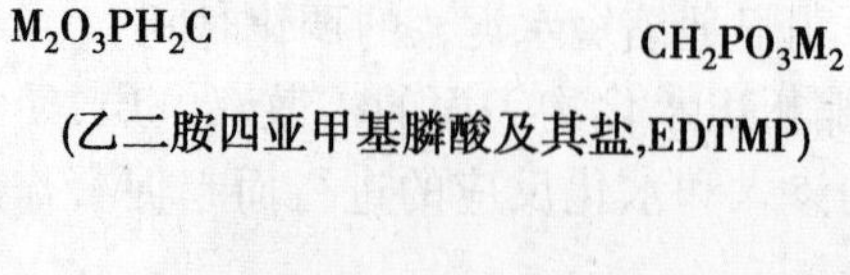

(乙二胺四亚甲基膦酸及其盐,EDTMP)

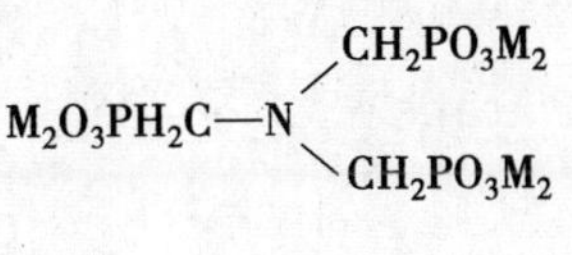

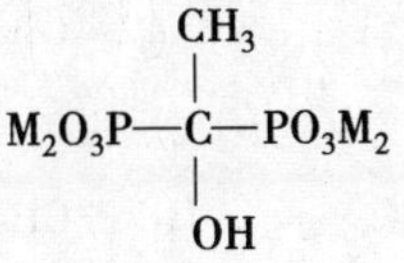

(次氮基三亚甲基膦酸及其盐,ATMP)　(次乙基羟基二磷酸及其盐,HEDP)

③羟基羧基及其盐,如:(式中的 M 为 H 或 Na、K、NH$_4$ 等)

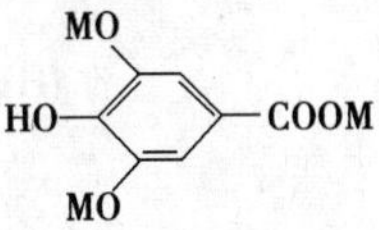

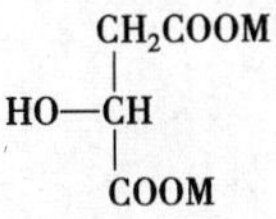

(五倍子酸及其盐)　　　　(苹果酸及其盐)

④木质素磺酸盐及其改性产物,如:

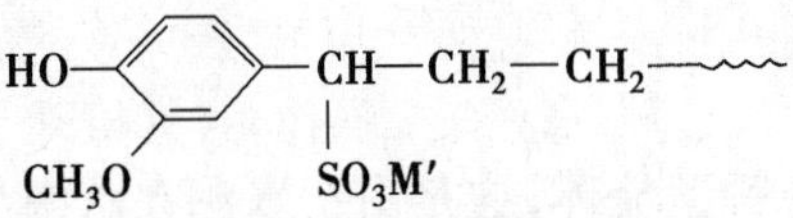

M′:Na$^+$或1/2Ca^{2+}

(木质素磺酸钠或木质素磺酸钙)

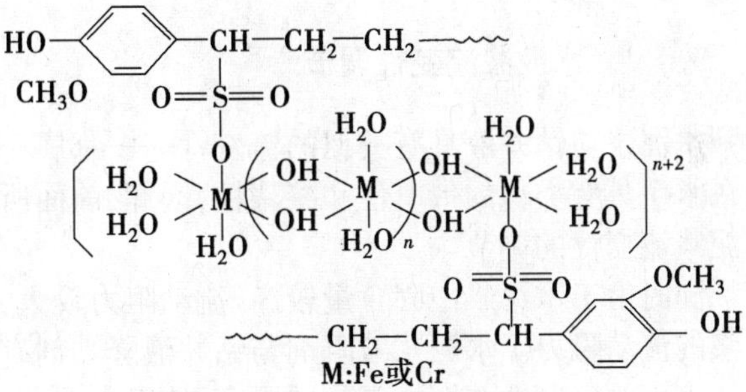

M:Fe或Cr

(铁铬木质素磺酸盐)

⑤水溶性聚合物,如:

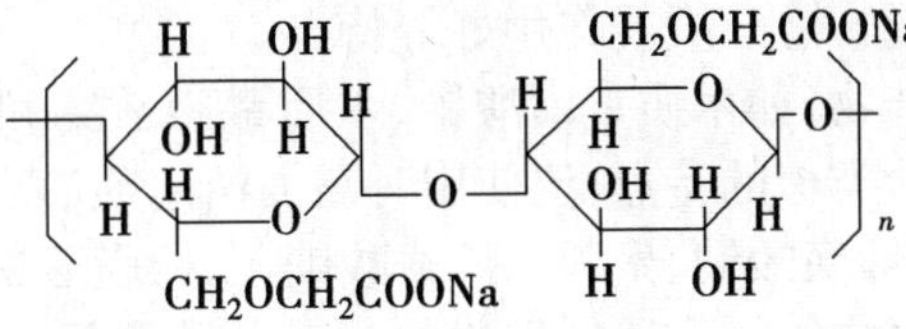

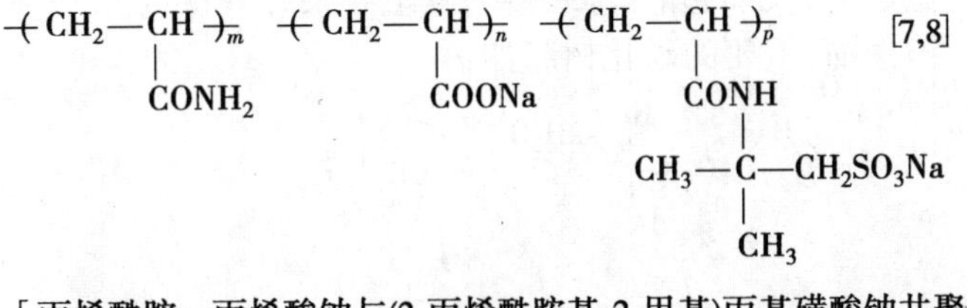

[7,8]

[丙烯酰胺、丙烯酸钠与(2-丙烯酰胺基-2-甲基)丙基磺酸钠共聚物]

(2)水泥浆缓凝剂作用机理

上述水泥浆缓凝剂主要通过吸附机理和螯合机理起缓凝作用。

①吸附机理。水泥浆缓凝剂可吸附在水泥颗粒表面,阻碍其与水接触。它也可吸附在饱和析出的水泥水化物表面,影响其在固化阶段和硬化阶段形成网络结构的速率,起缓凝作用。

②螯合机理。水泥浆缓凝剂可与 Ca^{2+} 通过螯合形成下列稳定的五元环或六元环结构而影响水泥水化物饱和析出的速率,起缓凝作用。硼酸及其盐、羟基羧酸及其盐、磷酸及其盐,主要通过此机理起缓凝作用。

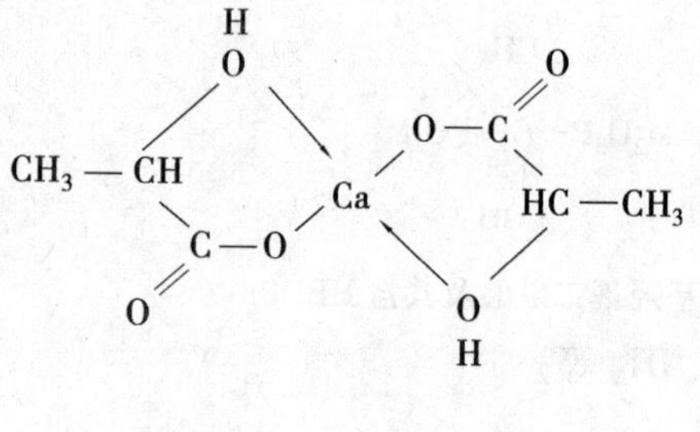

(乳酸与Ca²⁺形成的结构) 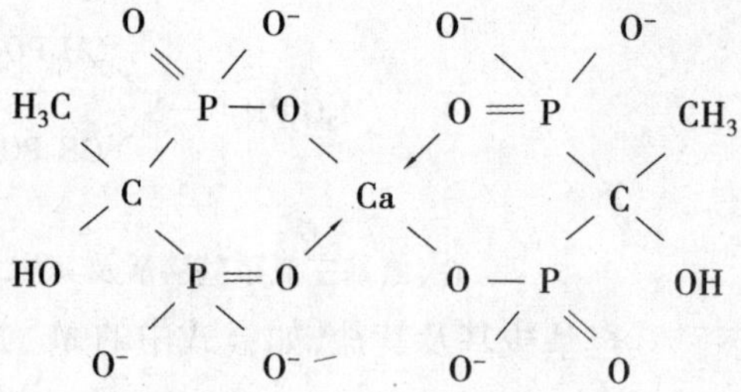　　　　　　　(HEDP与Ca²⁺形成的结构)

3.4　水泥浆流变性及滤失性调节

3.4.1　水泥浆流变性调节

水泥浆与钻井液具有类似的流变性——都属于非牛顿型流体,这是由于水泥在水中与黏土在水中具有类似的带电性和凝聚性,因此,前面所学习的钻井液流变性调节剂大部分可用于水泥浆流变性的调节。

同时由于水泥浆中固含量较高,流动阻力较大,因此,水泥浆流变性的调节主要是降低水泥浆的流动阻力。水泥浆减阻剂与钻井液降黏剂有相同的作用机理,都是通过吸附提高水泥颗粒表面的负电性并增加水化层厚度,使得水泥颗粒结构被拆散而减阻。

可用的水泥浆减阻剂有以下几种类型:

①羟基羧酸及其盐,如乳酸、五倍子酸、柠檬酸、水杨酸、苹果酸和酒石酸及这些酸的盐等。这类减阻剂具有热稳定性高、抗盐性强、缓凝作用好等特点。

②木质素磺酸盐及其改性产物,如木质素磺酸钠、木质素磺酸钙和铁铬木质素磺酸盐等。这类减阻剂有与羟基羧酸及其盐类似的特点,但使用时需加消泡剂消泡。

③烯类单体低聚物,如聚乙烯磺酸钠、聚苯乙烯磺酸钠、乙烯磺酸钠与丙烯酰胺共聚物、苯乙烯磺酸钠与顺丁烯二酸钠共聚物等。上述低聚物的相对分子质量一般为$(2 \sim 6) \times 10^3$。烯类单体低聚物具有热稳定性高、不起泡、不缓凝和减阻效果好等特点。

④磺化树脂的低缩聚物,重要的磺化树脂如:

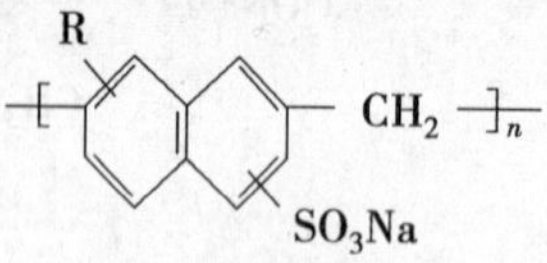

(磺化烷基萘甲醛树脂)

这种磺化树脂的相对分子质量为$(2 \sim 4) \times 10^3$。它具有烯类单体低聚物的特点,但有一定的缓凝作用。

3.4.2　水泥浆滤失性调节

与钻井液类似,水泥浆也存在滤失现象,且滤失速率较高。未经化学处理的水泥浆的常规滤失量大于1 500 mL。

水泥浆的滤失会导致水泥浆的流动性变差,而进入地层的滤液会造成严重的地层损害,因此需要严格控制滤失量。

不同的固井目的对水泥浆滤失量有不同的要求:一般固井要求常规滤失量小于 250 mL;深井要求常规滤失量小于 50 mL;油气层固井要求常规滤失量小于 20 mL。

此外,地层渗透性不同,对水泥浆滤失性要求也不相同。渗透性越好的地层,要求水泥浆的滤失量越低。

为达到控制水泥浆滤失量的目的,可选择水泥浆降滤失剂,主要有 3 类:

(1)固体颗粒

固体颗粒可将膨润土、石灰石、沥青和热塑性树脂等固体粉碎成不同粒度的颗粒,用作水泥浆降滤失剂。固体颗粒主要通过捕集机理和物理堵塞机理起降滤失作用。

(2)乳胶

乳胶是由乳液聚合所产生的分散体系。稳定的乳胶是通过黏稠液珠在地层孔隙结构中所产生叠加的贾敏效应起降滤失作用,不稳定的乳胶则通过液珠在地层孔隙表面成膜,降低地层的渗透率而起降滤失作用。

(3)水溶性聚合物

下列水溶性聚合物可用作水泥浆降滤失剂:

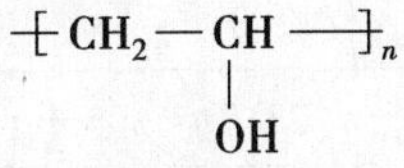

(聚乙烯醇)

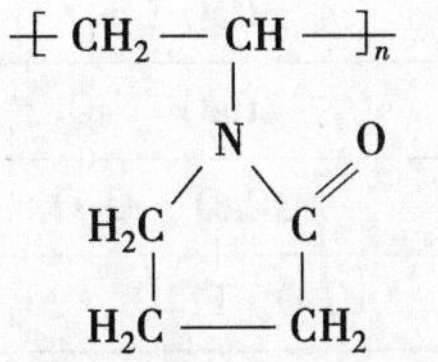

(聚N-乙烯吡咯烷酮)

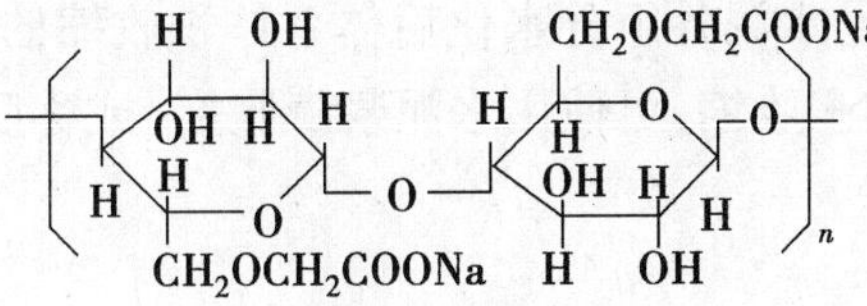

(钠羧甲基纤维素)

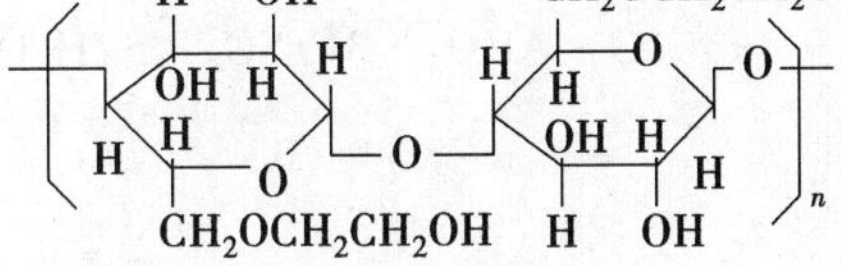

(羟乙基纤维素)

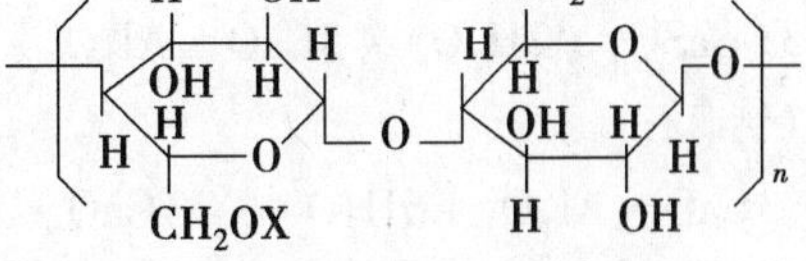

X:CH$_2$COONa或CH$_2$CH$_2$OH

(钠羧甲基羟乙基纤维素)

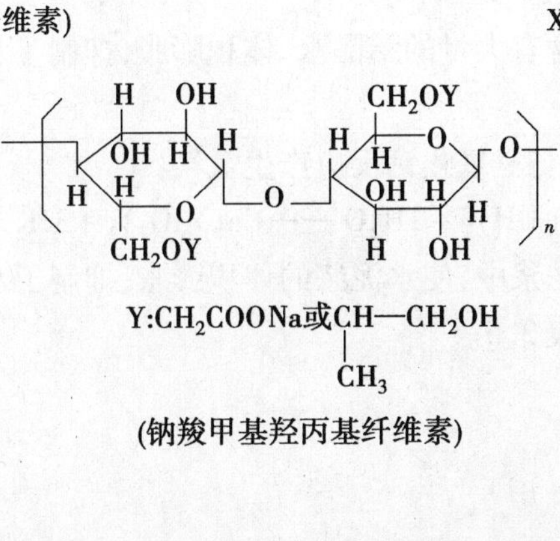

Y:CH$_2$COONa或CH—CH$_2$OH　CH$_3$

(钠羧甲基羟丙基纤维素)

水溶性聚合物主要通过增黏机理、吸附机理、捕集机理及物理堵塞机理起降滤失作用,这与水溶性聚合物使得钻井液降滤失的机理相同。

3.5 气窜及其控制

气窜是固井过程中通常遇到的问题,它是指高压气层中的气体沿着水泥石与井壁和(或)水泥石与套管间的缝隙进入低压层或上窜至地面的现象。

水泥石与井壁和(或)水泥石与套管间之所以形成缝隙是因为水泥浆在固化阶段和硬化阶段出现体积收缩现象。水泥中各组分水化后的体系体积(水泥中各组分的体积加水的体积)收缩率见表3.4。

表3.4 水泥中各组分水化后的体系体积收缩率

水泥组分	体系体积收缩率/%
$3CaO \cdot SiO_2$	5.3
$2CaO \cdot SiO_2$	2.0
$3CaO \cdot Al_2O_3$	23.8
$4CaO \cdot Fe_2O_3 \cdot Al_2O_3$	10.0

显然,水泥水化后体积收缩是水泥各组分水化后体系体积收缩的综合结果。为了减少水泥浆在固化阶段和硬化阶段的体积收缩,可使用水泥浆膨胀剂(或称防气窜剂)。常见的水泥浆膨胀剂有:

(1)半水石膏

$$\frac{CaSO_4 \cdot 1}{2H_2O} + \frac{3}{2H_2O} \longrightarrow CaSO_4 \cdot 2H_2O$$

(半水石膏)

$3(CaSO_4 \cdot 2H_2O) + 3CaO \cdot Al_2O_3 \cdot 6H_2O + 20H_2O \longrightarrow 3CaO \cdot Al_2O_3 \cdot 3CaSO_4 \cdot 32H_2O$

(钙矾石)

$3CaO \cdot Al_2O_3 + 6H_2O \longrightarrow 3CaO \cdot Al_2O_3 \cdot 6H_2O$

(铝酸三钙)

反应生成的钙矾石分子中含有大量的结晶水,体积膨胀,抑制了水泥浆的体积收缩。

(2)铝粉

将铝粉加入水泥浆后,它可与氢氧化钙反应产生氢气:

$$2Al + Ca(OH)_2 + 2H_2O \longrightarrow Ca(AlO_2)_2 + 3H_2 \uparrow$$

反应产生的氢气分散在水泥浆中,使水泥浆的体积膨胀,抑制了水泥浆的体积收缩。由铝粉引起的水泥浆体积膨胀率见表3.5。

表3.5　由铝粉引起的水泥浆体积膨胀率

铝粉/%	水泥体积膨胀率/%	
	0.10 MPa	27.7 MPa
0.05	11.8	0.71
0.10	17.9	0.91
0.25	24.0	1.64
0.50	56.5	2.64
1.00	57.2	5.17

（3）氧化镁

将氧化镁加入水泥浆后，它可与水反应生成氢氧化镁：

$$MgO + H_2O \longrightarrow Mg(OH)_2$$

由于氧化镁的固相密度为 $3.58 \ g/cm^3$，氢氧化镁的固相密度为 $2.36 \ g/cm^3$，所以氧化镁水化后体积增大，抑制水泥浆的体积收缩。图3.3 为由氧化镁引起的水泥浆体积膨胀率随时间和温度的变化。

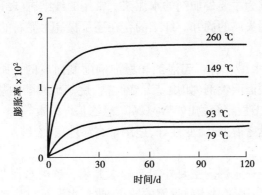

图3.3　由氧化镁引起的水泥浆体积膨胀率

由于由氧化镁引起的水泥浆体积膨胀率随温度升高而增大，所以氧化镁适用于高温固井。

为了减少水泥石的渗透性，防止气体渗透，还可在水泥浆中加入水溶性聚合物、水溶性表面活性剂和乳胶等。水溶性聚合物通过提高水相黏度及物理堵塞减少水泥石的渗透性；水溶性表面活性剂通过气体渗透产生的泡沫，形成叠加的贾敏效应，减少水泥石的渗透性；胶乳则通过黏稠的聚合物油滴在水泥石孔隙中产生叠加的贾敏效应及成膜作用减少水泥石的渗透性。

3.6　常见的钻井液体系

水泥浆体系是指一般地层和特殊地层固井用的各类水泥浆。

3.6.1　常规水泥浆

由水泥(包括 API 标准中的 9 种油井水泥和 SY 标准中的 4 种水泥)、淡水及一般水泥浆外加剂与外掺料配成,适用于一般地层的水泥称为常规水泥浆。这类水泥浆的配制和施工都比较简单。

3.6.2　特种水泥浆

适用于特殊地层的水泥浆称为特种水泥浆,主要有:

1)含盐水泥浆

含盐水泥浆是以无机盐为主要外加剂的水泥浆。常用的无机盐为氯化钠和氯化钾。这类水泥浆适用于盐岩层和页岩层的固井。

2)乳胶水泥浆

乳胶水泥浆是以胶乳(如聚乙酸乙烯酯胶乳、苯乙烯与甲基丙烯酸甲酯共聚物乳胶等)为主要外加剂的水泥浆。水泥浆中的乳胶可提高水泥石与井壁及水泥石与套管间的胶结强度,降低水泥浆的滤失量和水泥石的渗透性,有良好的防气窜性能。

3)纤维水泥浆

纤维水泥浆是以纤维为主要外加剂的水泥浆。常用的纤维有碳纤维、聚酰胺纤维、聚酯纤维。这类水泥浆适用于漏失层的固井。纤维的存在还可提高水泥石的韧性。

4)泡沫水泥浆

泡沫水泥浆是由水、水泥、气体、起泡剂和稳泡剂配制而成的。所用气体为氮气或空气。可用的起泡剂为水溶性表面活性剂(如烷基苯磺酸盐、烷基硫酸酯钠盐、聚氧乙烯烷基苯酚醚等)。可用的稳泡剂为水溶性聚合物(如 Na-CMC、羟乙基纤维素等)。

泡沫水泥浆的优点是密度低、流变性好,适用于高渗地层、裂缝层、溶洞层的固井。

5)膨胀水泥浆

膨胀水泥浆是以水泥膨胀剂为主要外加剂的水泥浆。这类水泥浆固化时,能产生轻度的体积膨胀,克服常规水泥浆固化时体积收缩的缺点,改善水泥石与井壁及水泥石与套管间的连接,防止气窜的发生。

常用的水泥浆膨胀剂为半水石膏、铝粉、氧化镁等。

6)触变水泥浆

触变水泥浆是以触变性材料为外掺料的水泥浆。半水石膏是最常用的触变性材料。若在水泥浆中加入 8% ~12% 水泥质量的半水石膏,就可配得触变水泥浆。半水石膏水化物与铝酸三钙水化物反应生成针状结晶的钙矾石,沉积在水泥颗粒间形成凝胶结构,使水泥浆失去流动性。当受到外力作用时这种凝胶结构易于被打开,使得水泥浆恢复流动性,一旦外力消失,凝胶结构再次逐渐建立。因此,半水石膏的加入使得水泥浆具有触变性。

触变水泥浆主要用于易漏地层的固井。当触变水泥浆进入易漏地层时,水泥浆前缘流速逐渐减慢(因为是径向流)而逐渐形成凝胶状,流动阻力增加,直至水泥浆不再进入漏失层。水泥浆固化后,漏失层被有效封堵。

由于钙矾石生成时体积膨胀,可补偿水泥浆固化时体积的收缩,故用半水石膏配得的触变水泥浆可用于易发生气窜地层的固井。

　　7）高温水泥浆

　　高温水泥浆是以活性二氧化硅为外掺料，能用于高温（高于 110 ℃）地层固井的水泥浆。常规水泥浆在高温下水化产物的晶型发生变化，体积收缩，破坏水泥石的完整性，影响固井质量。活性二氧化硅会抑制水化产物晶型的变化。

　　硅灰是活性二氧化硅的主要来源，以硅灰为外掺料的水泥浆称为硅灰水泥浆。

　　8）防冻水泥浆

　　防冻水泥浆是以防冻剂和促凝剂为主要外掺料的水泥浆。加入防冻剂的目的是使得水泥浆在低温（低于-3 ℃）下仍具有良好的流动性；加入促凝剂的目的是使得水泥浆在低温下仍能满足施工要求的稠化时间和产生足够强度的水泥石。

　　常见的防冻剂是无机盐（如氯化钠、氯化钾）和低分子醇类（如乙醇、乙二醇），低温促凝剂一般用氯酸钙和石膏。

习题

　　3.1　固井水泥浆的主要成分是什么？

　　3.2　水泥颗粒的主要成分有哪些，分别对水泥产生哪些影响？

　　3.3　调节固井水泥浆密度的原因是什么，如何调节？

　　3.4　固井水泥浆稠化/固化的机理是什么？

　　3.5　从反应放热的角度描述水泥浆稠化的过程。

　　3.6　举例说明水泥浆调凝剂的作用机理。

第4章
钻井液储层保护技术

储层保护技术就是保护储层不受损害所采用的措施。作为油气井工程的一个分支,储层损害及保护技术是一个广义概念:不但在钻井,而且在完井、固井、增产压裂或酸化,以及生产等各个环节均存在储层损害和保护问题,其内容涉及储层损害机理研究、模拟装置研制、评价方法和标准制订及保护技术研究等方面。本章主要讨论钻完井过程中的储层保护技术。

储层损害是指当打开储层时,由于储层内组分或外来组分与储层组分作用发生了物理、化学变化,而导致岩石及内部液体结构的调整并引起储层绝对渗透率降低的过程。打开油气层后,如果钻井方式、钻井参数、泥浆性能等因素处理不当,可能会对生产层造成多种损害,研究这些损害机理,对保护和开发生产层具有重要意义。

使用与地层相配伍的钻/完井液,采用保护生产层的钻/完井方式将直接关系到油气井的产量及油气田的开发经济效益。

自 20 世纪 70 年代以来,国内外石油界均高度重视以防止或减轻损害为目的的保护储层技术的研究和应用,将其作为石油工程领域的重大科技课题进行攻关和研究,其间逐步形成了钻完井保护储层所需基础资料的取得技术、储层损害机理研究技术、保护储层钻完井液的技术。

目前,国内外仍以耐高温、高压、深井复杂地层、油气层保护的钻完井液技术为主攻目标和重要的发展方向,并积极寻求技术更先进、性能更优异、综合效益更佳的钻完井液体系及钻完井液处理剂。

4.1 钻井液储层损害因素

不同类型钻井液对不同储层损害的程度各异,油基钻井液损害比水基钻井液的损害要小。主要表现在钻井液与地层水不配伍造成的敏感性损害;常规的钻井液处理剂,对改善钻井液性能、提高钻速、稳定井眼、保证井下安全均能起到一定作用,但对储层却有不同程度的损害。作为黏土增效剂的碱类物质有促进黏土分散膨胀的作用,这类物质进入地层易引起黏土水化膨胀、分散、运移,导致微粒运移而堵塞储层。碱类物质还会导致 Ca^{2+}、Mg^{2+} 等的化学沉淀。钻井液中的高分子处理剂在油层孔喉上吸附将缩小孔喉直径,从而造成处理剂吸附损害。钻井液中水相与储层中油相接触能形成乳状液,会对地层造成乳化堵塞损害。钻井液中液相与原油接触可能会引起沥青、蜡的析出和沉淀。酸液与地层流体岩石接触生成的不溶酸渣，以及微粒的脱落运移均会导致地层损害。

4.1.1　钻井液固相损害因素

钻井液中的固相颗粒堵塞油气层是造成储层损害的主要原因之一。

1）侵入储层固相的来源

侵入储层的固相主要来源于两个方面：一是钻井液及其他入井液携带的固体颗粒；二是钻井过程中，钻头磨蚀地层岩石产生了大量的固体颗粒，其中包括地面固控设备不能除去的细小颗粒。这些颗粒与渗透性储层接触时，由于井筒内液柱压力与地层压力的压差作用，在泥饼形成前，随着渗滤的进行，固相颗粒侵入油气层，堵塞孔隙、喉道，造成储层损害。

2）钻井液中固相颗粒堵塞储层的机理

钻井液中含有多种尺寸量级的固相颗粒，从亚微米级的黏土颗粒到数百微米甚至毫米级砂粒或碳酸钙颗粒，其形状有球形（如碳酸钙颗粒）、椭球形、片状（如黏土颗粒）和棒状（如石棉纤维）等。钻井流体中的固相颗粒可按其在力作用下可变形的程度分为可变形微粒和不可变形微粒。对于不可变形球形微粒，进入裂缝的微粒尺寸的当量直径为裂缝的最大开度值；对于棒状或椭球形微粒，当其最小特征尺度小于裂缝的最大开度时也可进入裂缝。对于可变形粒子，能进入的尺寸不仅取决于最大开度，同时取决于微粒可变形的程度。

3）影响固相损害程度的因素

固相对油层损害的大小决定于固相粒子的形状、大小及性质和级配。在钻井过程中，大于油层孔隙的粒子不会侵入油层造成损害，比油层孔喉直径小的粒子进入油层造成损害。颗粒越小，侵入深度越大。若钻井液中含有细颗粒或超细颗粒，则侵入深度和损害程度就越大。若钻井液中各种大小直径的粒子都有，则细粒子及超细微粒的侵入深度将随之降低，但在损害带的损害程度并不减少。固相粒子的损害对裂缝油藏更为突出。

因此，搞好固控减少钻井液中的固相含量，特别是细及超细粒子含量，并使它们保持一个合理的级配，是减少钻井液固相对地层渗透率的影响，对油气层损害的重要内容。同理，若钻进中井壁不稳定，页岩坍塌，井径扩大，泥页岩造浆等因素造成钻井液内的固含量增加，都将会加剧固相对油气层的损害。

4.1.2　钻井液液相损害因素

钻完井液中液相（水溶液相）进入油气层的液相必然与岩石孔穴喉道中的敏感性物质尤其是黏土矿物发生种种作用从而带来各类损害，这类损害实际上就是储层敏感性的表现。

1）水敏损害

所谓水敏损害，是指当与地层不配伍的外来流体进入地层后引起黏土膨胀、分散和运移，从而导致储层渗透率不同程度下降的现象。通常认为影响水敏的因素有 4 种：一是黏土矿物类型和分布状况；二是储层孔渗性质和喉道大小及分布；三是外来液体矿化度、含盐度、pH 值的影响和外来液体阳离子成分；四是温度等环境的影响。

（1）水敏性黏土含量、类型、分布对储层特征的影响

油气层水敏性的基本原因是储集层中含有可水化膨胀或分散运移的水敏性矿物，黏土矿物的水敏性大小的次序为：蒙脱石、蒙脱石/伊利石混层矿物、伊利石、高岭石、绿泥石，此外分

布状况也很重要。国内外专家研究了不同类型的黏土矿物产状分布对水化膨胀及微粒运移形成程度的差别,见表4.1,相关系数越大,黏土矿物越容易发生水化膨胀和微粒运移,造成的储层损害越严重。

表 4.1　黏土矿物产状、分布及相关系数

黏土分布类型	孔隙内衬	孔隙充填	孔隙搭桥	离散颗粒	薄透镜状
膨胀系数	1.0	1.0	0.5	0	0.5
微粒运移系数	0.7	1.0	1.0	0.9	0

(2)渗透率以及孔喉大小的影响

一般情况下,渗透率越低,喉道越小,水敏损害也就越强。一般伤害率为40%,最高达90%。储层黏土矿物含量越高,渗透率就越低。

(3)外来液体和地层流体性质的影响

岩心流动实验证明,如果外来液体的含盐度低于临界盐度,岩心的渗透率会明显下降。大量实验还表明,渗透率降低的程度与含盐度降低的速度有关,若液体突然从高矿化度盐水变成近似淡水,渗透率则会大幅度降低。产生这种情况的原因一般解释为过快的降低离子浓度会促使敏感性矿物加速分散释放。增大微粒数量和浓度,导致孔喉堵塞严重。

2)盐敏损害

在钻完井及其他作业中,各种工作液具有不同的矿化度,有的低于地层水矿化度,有的高于地层水矿化度。当高于地层水矿化度的工作液滤液进入油气层后,可能引起黏土的收缩、失稳、脱落。当低于地层水矿化度的工作液滤液进入油气层后,可能引起黏土的膨胀和分散,这些都将导致油气层孔隙空间和喉道的缩小及堵塞,引起渗透率的下降从而损害油气层。

矿化度降低时,溶解度升高,使黏土矿物晶片之间的连接力减弱,同时反离子浓度减小,扩散层之间斥力增加,增加扩散层间距,黏土矿物失稳、脱落。当矿化度升高时,同离子效应也能使晶片之间的连接物溶解,同时反离子浓度增加,扩散层之间引力增加,压缩双电层间距,有利于絮凝,导致黏土矿物失稳、分散。黏土矿物脱落、分散后,在流体的作用下产生运移,堵塞孔喉,导致渗透率降低,并且渗透率的降低程度与黏土矿物的含量和产状有密切的关系。

3)碱敏损害

当 OH^- 浓度较高的钻井液钻遇各类黏土、长石和石英等地层,或地层流体富含 Ca^{2+}、Mg^{2+}、CO_3^{2-}、HCO_3^-、SO_4^{2-} 时,将引起地层出现硅酸盐沉淀、分散运移、晶格膨胀、无机矿物沉淀等损害。

4)酸敏损害

当含较高浓度 HCl 的入井液进入绿泥石、蒙脱石、伊蒙混层、高岭石、铁方解石、铁白云石、黑云母、含铁重矿物等地层时,将会发生酸蚀微粒释放、运移等损害。当含较高浓度 HF 的入井液进入铁方解石、铁白云石、各类黏土、云母、长石、石英等地层时,将会发生氟硅酸盐、氟铝酸盐沉淀而对油气层造成损害。

5)速敏损害

速敏损害是流体速度变化引起的损害。速敏的实质是流体的流速超过占优势的黏土矿物

微结构的稳定场,导致黏土矿物及其他地层微粒从颗粒表面和裂缝壁面脱落,微粒运移并在粒间和裂缝宽度狭窄处沉积,最终使渗透率降低。微粒在流动液体中会受到水动力冲击,当流速达到某一值时,水动力将克服妨碍微粒运移的阻力(范氏力和重力),使微粒启动运移,此流速值称为表观临界启动速度。

油气层中粒径小于 37 μm 的矿物微粒称为地层微粒。常见地层微粒运移的程度从大到小依次为伊利石、赤铁矿、石英、高岭石、碳酸钙、磁铁矿,临界启动速度从大到小的顺序为:高岭石、石英、蒙脱石。黏土矿物在流速增加的过程中更容易发生分散、运移,堵塞孔喉,降低渗透率,引起储层损害,并与黏土矿物的含量和产状有密切关系。

4.1.3　钻井液液相与地层流体的配伍性

钻完井液液相与地层流体,若经化学作用产生沉淀或形成乳状液,都会堵塞油气层。

1)乳化堵塞

钻完井液中水相与油气层中油相在地层中接触能形成乳状液,一般而言,在亲水性油层中形成水油型乳状液;反之,则为油水型。乳状液黏度高于油或水,而液滴在喉道处的贾敏效应均会对地层造成损害。

2)结垢

水基钻井液滤液的无机离子与地层水中的离子可能会形成难溶解物质,混合时即产生无机盐沉淀。钻完井液中液相与原油接触可能会引起沥青、蜡的析出和沉淀,也包括酸液与原油生成的不溶酸渣。

4.1.4　各种钻井液处理剂对油层的损害

各类钻井液处理剂随钻井液滤液进入油层都将与油气层发生作用,尽管其作用类型、机理因处理剂种类和油层组成结构不同而异,但大多对油层产生不同程度的损害。例如,钻完井液中的高分子处理剂在油气层孔喉上吸附将缩小孔喉直径而造成损害,这在低渗储层更加明显。由于处理剂是钻井液的必要成分,因此,针对油气藏特性,选择适当的处理剂是钻井过程中保护油层技术的又一重要内容。

4.1.5　界面现象引起的损害

1)水锁损害

在压差作用下,滤液侵入亲水的油气层孔道,会将油气层中的气和油推向储层深部,并在油水(或气)形成一个凹向的弯液面。由于表面张力的作用,任何弯液面都存在一个附加压力,即毛细管压力。如果储层能量不足以克服这一附加阻力,储层油气就不能将水段驱动而流向井筒,形成水锁效应损害储层。

2)润湿反转对油层的损害

当钻完井液水相中含有表面活性剂时,有可能吸附于油层孔隙内表面,若由此将表面由亲水性反转为亲油性,由界面作用原理将大大降低油相的相对渗透率,一般可达 40% 以上。

4.2　国内外储层保护钻井液技术

钻井液作为服务钻井工程的重要手段之一。从 20 世纪 90 年代后期钻井液的主要功能已从维护井壁稳定,保证安全钻进,发展到如何利用钻井液这一手段来达到保护油气层、多产油的目的。一口井的成功完井及其成本在某种程度上取决于钻井液的类型及性能。因此,适当地选择钻井液及钻井液处理剂以维护钻井液具有适当的性能是非常必要的。现代钻井液技术是在高效廉价、一剂多效、保护油气层、尽可能减轻环境污染等方面进行深入研究,以寻求技术更先进、性能更优异、综合效益更佳的钻井液及钻井液处理剂。

目前,国内外高温高压储层保护的钻井液技术主要分为:水基钻井液技术、油基钻井液技术、合成基钻井液技术。

本节简要介绍部分钻井液体系的储层保护技术及其机理。

4.2.1　储层保护的水基钻井液技术

水基钻井液是目前国内外各油田使用最普遍的一类,共同特点是:水为连续相,配制维护简单、来源广、配方多、性能容易控制和调节、保护储层的效果较好、成本低等。这类钻井液现已形成了 4 种比较成熟的类型:

1)抗高温聚合物水基钻井液技术

所使用的聚合物在其 C—C 主链上的侧链上引入具有特殊功能的基团,如酰胺基、羧基、磺酸根、季胺基等,以提高其抗高温的能力。不论是其较新的产品,如磺化聚合物 Polydrill,或早已生产的产品,如 S.S.M.A.(磺化苯乙烯与马来酸酐共聚物)均是如此,并采取下列措施:

①利用表面活性剂的两亲作用来改善钻井液的抗温性。

②抗氧化剂可大幅度提高磺化聚合物抗高温降滤失剂的高温稳定性能。

③膨润土一直是水基钻井液的基础。但随着温度的升高和污染,它是最难控制和预测其性能的黏土矿物。而皂石和海泡石最重要的特征是随着温度的升高而转变为薄片状结构的富镁蒙脱石,比膨润土能更好地控制流变性和滤失量。

2)强抑制聚合物水基钻井液技术

随着钻井液的发展,成功研制了阳离子聚合物钻井液。这种抑制能力很强的新型钻井液与原阴离子的聚合物钻井液的本质区别就是在"有机聚合物包被剂"这一主剂上引入了阳离子基团,如阳离子聚丙烯酰胺。另外,又添加了一种分子量较小的季铵盐类,如羟丙基三甲基氯化铵。

另外,在 PAM 分子链上引入阳离子基团、疏水基团和 AMPS(2-丙烯酰胺基-2-甲基丙磺酸),从而使改性的 PAM 赋予了新的性能。通过改性,使聚合物分子中的阳离子中和了黏土颗粒上的负电荷而减小静电斥力,使聚合物能在更多位置上与黏土发生桥链,对黏土能够起到很好的保护作用。由于分子链中含有疏水基团,使吸附在黏土表面的聚合物表现为憎水性质,故有利于阻止水分子的进入,从而能有效地抑制页岩的膨胀。

3)有机盐盐水钻井液技术

有机盐钻井液的核心是高密度和强的抑制性。它是基于低碳原子(C1～C6)碱金属(第一主族)有机酸盐、有机酸铵盐、有机酸季铵盐的钻井液完井液体系。

（1）有机盐钻井液的优点

①配方简单：一种主处理剂有机盐构成一个钻井液体系。

②类油基特点：该钻井液是一种高浓度有机物连续相流体。

③抑制性强：能够有效地抑制储层泥岩胶结物的水化膨胀和水化分散，有利于井壁稳定、井眼规则，有效地保护油气层。

④低固相，高密度。

⑤有利于提高机械钻速。

⑥无毒、无害、易生物降解、无生物富集，有利于保护环境。

（2）有机盐钻井液完井液技术机理分析

有机盐钻井液完井液的 5 种作用机理都能有效地抑制泥岩水化膨胀、水化分散，有利于井壁稳定和油气层保护。其储层保护机理主要体现在：

①类油基钻井液性质：有机盐钻井液中较长链有机酸根浓度较高，呈有机物连续相性质，可达到趋近于油基钻井液的抑制能力，可有效抑制黏土、钻屑的分散和膨胀，同时有利于保护油气层。

②水的活度较低：有机盐钻井液中有机盐含量较高，可束缚大量自由水，水活度低，黏土颗粒、钻屑在其中浸泡时水化应力较低，在其中的分散趋势被强烈抑制，同时能够有效地抑制储层泥岩胶结物的水化膨胀、水化分散，有利于保护油气层。

③阳离子吸附和阳离子嵌入机理：有机盐钻井液中含大量的 K^+、NH_4^+、NR_4^+ 可通过化学键吸附于带负电的黏土颗粒表面，也可嵌入黏土颗粒晶格内，增大黏土颗粒的水化阻力，起抑制其分散、膨胀的作用，同时有利于保护油气层。

④有机酸根阴离子吸附机理：有机盐钻井液中大量的有机酸根阴离子可吸附于带正电的黏土颗粒端面上，阻止水进入黏土颗粒，抑制其表面水化及渗透水化，同时有利于保护油气层。

⑤有机盐钻井液的滤失造壁性分析：有机盐钻井液中大量的有一定链长的有机酸根阴离子，可与土结合形成薄而韧的泥饼，从而有效地保护井壁和降低滤失量，也有利于保护油气层。

钻井液的典型配方：

有机盐水溶液（$1.00 \sim 2.30$ g/cm^3）基液 + 0.1% ~ 0.2% NaOH + 1% ~ 2% 降滤失剂 Redul + 0.5% ~ 2% 无荧光白沥青 NFA-25

注：根据现场具体情况，有时需要加入包被剂 IND10、提切剂 Viscol、黄胞胶 XC、聚合醇。

4）甲酸盐类水基钻井液技术

甲酸盐钻井液是 20 世纪 90 年代国外研制并使用的一种新型钻井液。将甲酸与氢氧化钠或氢氧化钾在高温高压下反应制成碱性金属盐，如甲酸钠、甲酸钾、甲酸铯配制成甲酸盐类水基钻井液。甲酸盐盐水钻井液体系是在盐水钻井液和完井液基础上发展起来的，因而除具有盐水钻井液的特点外，还具有其独特的优点。

（1）甲酸盐的优点

①由于其强抑制性，可有效地抑制泥页岩的水化膨胀和分散，也有利于减少钻井液对油气层的损害。

②易生物降解，不会造成对环境的污染。

③钻具、套管等金属材料在这种钻井液中的腐蚀性小，有利于延长它们的使用寿命。

④不需要加重材料就可配制高密度钻井液,甲酸钠和甲酸钾盐类的水溶液密度分别为1.34 g/cm³和1.60 g/cm³,甲酸铯水溶液密度可高达2.3 g/cm³,不仅有利于提高机械钻速,而且有利于保护油气层。

⑤这种钻井液体系的低黏度、高动态瞬时滤失量有利于提高机械钻速。

⑥这种钻井液体系具有良好的抗高温、抗污染的能力,并可降低所使用的各类添加剂在高温条件下的水解和氧化降解的速度。

(2)甲酸盐盐水具有作为深井和小井眼钻井的无固相钻井液的特性

①在高温下能维持携屑。

②在高温下能阻止固相沉降。

③降低了压差卡钻的可能性(滤饼很薄)。

④在长且狭窄的井筒中具有低的当量循环密度。

⑤可向钻井液马达和钻头传送最大的动力。

⑥与油层的矿物和油层中的液相相容。

⑦与完井设备的硬件和人造橡胶相容。

⑧符合环保要求且易被生物降解。

4.2.2 储层保护的油基钻井液技术

油基钻井液体系是油为连续相、水为分散相,能有效地避免储层中的黏土矿物发生水化膨胀、分散运移,能有效防止水敏损害;同时,对于亲水储层,进入储层的油性滤液易反排,不易引起水锁损害,因此这类钻井液可防止或减轻水基钻井液引起的水敏及水锁损害问题。如有代表性的油基钻井液、油包水乳化钻井液、抗高温高密度油包水乳化钻井液、低毒无荧光油包水乳化钻井液等,这类钻井液已在新疆、中原、大庆、二连、华北、胜利等油田应用,取得了比较好的储层保护效果。

4.2.3 储层保护的合成基钻井液技术

合成基钻井完井液体系在组成上与传统的油基钻井液类似,主要由有机合成物基液、乳化剂、水相、加重剂和其他性能调节剂组成。其中有机合成物为连续相,水相为分散相,加重剂用于调节密度,乳化剂和其他调节剂用于分散体系的稳定及调节流变性。体系中常用的合成基液类型有酯类、醚类、聚-a-烯烃类和直链烷基苯类等,而尤以酯类用得最多,其次是聚-a-烯烃类。多元醇(Polyols)类和甲基多糖(Methyl Glucoside)类是合成基钻井完井液中广为使用的两种多功能添加剂,它们具有乳化、降滤失、润滑和增黏的功效,也可单独作为多元醇钻井液和甲基多糖钻井液两种新体系的主要添加剂。合成基钻井液的乳化剂有专用的,如水生动物油乳化剂:但大多数使用与普通油基钻井液相同的乳化剂,如脂肪酸钙、咪唑啉衍生物、烷基硫酸(酯)盐、磷酸酯、山梨糖醇酐酯类(Span)、聚氧乙烯脂肪胺、聚氧乙烯脂肪醇醚(平平加类)等。

合成基钻井液保护储层的效果好,但成本相对较高。合成基钻井液体系的优点是:合成基液易于降解,毒性小,利于环保;热稳定性好,耐高温且低温可泵送性好;有较强的抑制性和井眼稳定性,润滑性和携屑性能较好,适合于水平井、大斜度井、大位移井和多底井的钻进。

合成基钻井完井液体系的应用有利于井眼稳定和井下安全,提高钻速;有利于保护环境和油气层。

习 题

4.1　什么是储层损害,其危害有哪些?

4.2　钻井液造成储层损害的原因有哪些?

4.3　举例说明钻井液与地层流体不配伍会造成怎样的储层损害。

4.4　试分析如何解决界面现象引起的储层损害。

第5章
化学驱油

5.1 概 述

5.1.1 EOR 技术简介

EOR 技术根据石油开采及石油开发的投资阶段,可分为一次采油、二次采油和三次采油 3 个阶段。一次采油是指利用油藏的天然能量(溶解气、边水、底水、弹性能)开采的过程,一般而言,一次采油的收率低于 15% 。二次采油是指采用外部补充地层能量(如注水、注气),以保持地层能力为目的的提高采收率的采油方式,二次采油的收率可达 40% 左右。三次采油是指通过注入化学试剂或其他流体,采用物理、化学、生物的方式改变油藏岩石及流体性质,实现提高水驱油后油藏采收率,三次采油的采收率可达 50% ~90% 。三次采油又称提高采收率(enhance oil recovery,EOR)。

EOR 方法可分为 4 大类:

①气体混相驱:液化石油气段塞驱、富气段塞混相驱、高压干气驱、二氧化碳驱、氮气驱、烟道气驱等。

②热力采油:蒸汽吞吐、蒸汽驱、火烧油层。

③化学驱:聚合物驱(P)、表面活性剂驱(S)、碱驱(A)、二元复合驱(S-P、A-P)、三元复合驱(ASP)。

④微生物采油:微生物驱、微生物调剖、微生物降解稠油、微生物清防蜡。

5.1.2 采收率及影响采收率的因素

1)采收率

采收率按下式定义:

$$E_R = \frac{N_R}{N}$$

式中 E_R——采收率;

N_R——采出储量;

N——地质储量。

对于水驱油而言

$$N_R = A_V h_V \phi S_{0i} - A_V h_V \phi S_{0r}$$
$$N = A_0 h_0 \phi S_{0i}$$

故

$$E_R = \frac{A_V h_V \phi S_{0i} - A_V h_V \phi S_{0r}}{A_0 h_0 \phi S_{0i}} = E_V \cdot E_D$$

式中　A_0、A_V——原始油层面积和水波及油层面积；

h_0、h_V——原始油层厚度和水波及油层厚度；

ϕ——油层孔隙度；

S_{0i}、S_{0r}——原始含油饱和度和剩余油饱和度；

E_V、E_D——波及系数和洗油效率。

2）影响采收率因素

影响原油采收率的因素很多，主要有：

（1）地层非均质性

地层非均质性包括宏观非均质性和微观非均质性。宏观非均质性用渗透率变异系数表示，代表地层不同区域间渗透率变化的程度。微观非均质性用孔喉大小分布曲线、孔喉直径比等表示。

地层非均质性体现了地层中不同区域渗流阻力差异，流体在一定的驱替压力作用下，易于渗流进入渗流阻力小的区域，故地层非均质性越严重，采收率越低。

（2）地层岩石的润湿性

岩石表面的润湿性可分为水湿、油湿和中性润湿。流体在岩石表面的润湿角会影响黏附功能和毛管阻力的大小，进而影响采收率。

（3）流度比

流度是指流体通过孔隙介质能力的量度。其数值等于流体有效渗透率除以黏度，用 λ 表示。

流度比是指驱油时驱替液流度与被驱替液流度的比值，以 M 表示。

若驱替液是水，被驱替液是油，则水油流度比可表示为：

$$M_{WO} = \frac{\lambda_W}{\lambda_0} = \frac{K_W \mu_0}{K_0 \mu_W}$$

式中　K_W、K_0——水、油渗透率；

μ_W、μ_0——水、油的黏度。

（4）毛管数

毛管数是一个无量纲准数，代表驱替动力与阻力的比值，由下式定义为：

$$N_C = \frac{\mu_d v_d}{\sigma}$$

式中　μ_d、v_d——驱替流体黏度、驱替流体的流速；

σ——驱替相与被驱替相间的界面张力。

（5）布井

不同的布井方式有不同的波及系数。在相同的布井方式中，井距对波及系数也有影响，井距越小，波及系数越大，采收率越高。

在三次采油（EOR）中，凡是向注入水中加入化学试剂，以改变驱替流体性质、驱替流体与原油之间的界面性质，从而有利于原油生产的所有方法都属于化学驱油范畴。通常包括聚合物驱油、表面活性剂驱油、碱驱及复合驱。

5.2　聚合物驱油

聚合物驱油是指用聚合物水溶液作为驱油剂的驱油方法。通过在注入水中添加水溶性聚合物，使得水相黏度增加、改善水油流度比、稳定驱替前缘，以达到提高采收率的目的，又称为稠化水驱。所以水溶性高分子化合物又称为流度控制剂，即通过增加液相黏度或减小孔隙介质渗透率来达到控制流度的化学剂。

5.2.1　聚合物驱用的聚合物

目前，国内外聚合物驱常用的是两类聚合物。一类聚合物是部分水解聚丙烯酰胺（HPAM）。

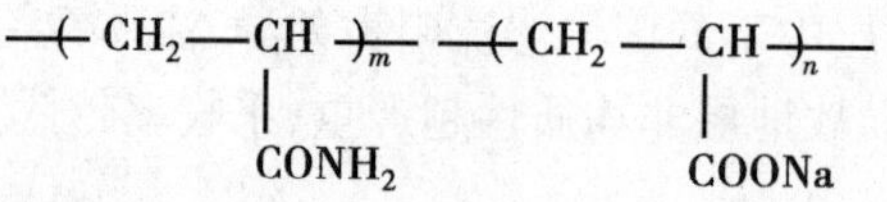

$$+ CH_2—CH \big)_m + CH_2 — CH \big)_n$$
$$\quad\quad\quad | \quad\quad\quad\quad\quad\quad | $$
$$\quad\quad\quad CONH_2 \quad\quad\quad COONa$$

另一类聚合物是生物聚合物，称为黄胞胶（XC）。

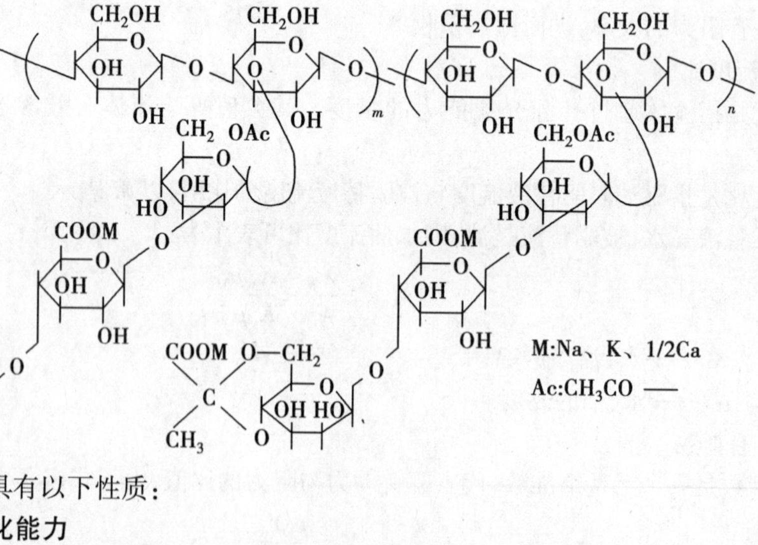

M:Na、K、1/2Ca
Ac:CH₃CO —

这两类聚合物具有以下性质：

1）对于水的稠化能力

从图5.1中可知，HPAM与XC对水有优异的稠化能力。

产生稠化能力的原因如下：

①聚合物超过一定浓度后，聚合物分子互相纠缠形成结构，产生结构黏度。

②聚合物链中的亲水基团在水中溶剂化（水化）后，增加流体内部分子运动摩擦阻力。

③若为离子型聚合物,则可在水中解离,形成扩散双电层,产生许多带电符号相同的链段(由若干链节组成,是链中能独立运动的最小单位),使聚合物分子在水中形成松散的无规线团,因而有好的增黏能力。但应注意若溶液中存在无机盐,会压缩其扩散双电层,影响其增黏效果(盐敏效应)。

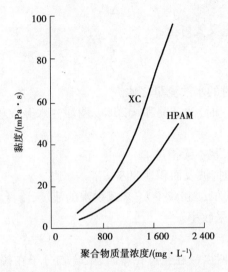

图 5.1   HPAM 和 XC 对水的稠化

2)易于在孔隙介质中滞留

聚合物可通过吸附和捕集在孔隙介质中滞留。

(1)吸附

聚合物通过色散力、氢键等作用力而聚集在岩石孔隙结构表面的现象。

(2)捕集

聚合物捕集是指直径小于孔喉直径的聚合物分子的无规线团通过"架桥"而留在孔喉外的现象,如图 5.2 所示。

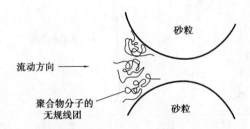

图 5.2   聚合物分子在孔隙中的捕集

3)聚合物溶液的黏弹性

聚合物溶液是一种黏弹性流体,其弹性表现在聚合物分子通过孔喉时,在拉伸力作用下发生形变,通过孔喉后,拉伸力消失,形变恢复。

5.2.2   聚合物驱油机理

1)提高宏观波及系数

聚合物溶液注入地层后,会提高注入水黏度、降低水相渗透率,使得油层吸水剖面得到调整,平面非均质性得到改善,水洗层厚度增加,扩大了水相的波及体积,从而提高宏观波及系数 E_V,进而增大采收率 E_R。

根据 Darcy 定律:

$$k = \frac{Q\mu L}{A\Delta P}$$

将上式代入水油流度比定义式可得:

$$M_{wo} = \frac{Q_w}{Q_o}$$

可见,M_{wo} 也是水油同产时的水油流量之比。

讨论:①$M_{wo} > 1$,$\mu_0 > > \mu_w$ 时,波及面积 $< 20\%$,稠油注水开发极易水窜,油井见水早、波及系数低。

②$M = 1$,$\mu_0 = \mu_w$ 时,基本无指进。

③$M < 1$,油井见水时,波及面积达 80%。

可见,聚合物驱可通过增加 μ_w 和减少 k_w 来减少水的流度,降低油水流度比。使注入水均匀推进,扩大波及系数以提高采收率。

2)提高微观驱油效率

由于聚合物溶液具有黏弹性,故在经过孔喉时,聚合物分子在拉伸力作用下,形成较伸展的构象,通过孔喉后,拉伸力消失,聚合物分子恢复到较卷曲的构象,在这一过程中由于分子构象的变化,使得溶液向流动的法线方向上膨胀、扰动,驱替原本无法波及的缝隙间的剩余油,达到提高微观驱油效率的目的。

从平板模型的驱油试验结果(见图 5.3)可以看出,聚合物驱比水驱有更大的波及系数,因此有更高的原油采收率。

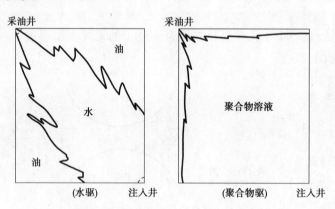

图 5.3　水驱与聚合物驱平面波及效果对比

5.2.3　影响聚合物驱油的因素

1)储层参数

数模结果表明,分层聚合物驱能充分发挥聚合物溶液的调剖作用,改善层间动用状况,其效果好于单层注聚。在特高含水期,多层优越性更加明显。

2）注聚时机

注聚时机的影响因素主要包括剩余油饱和度及转注聚时的含水率。剩余油饱和度是保证 3 次采油驱油效果的主要因素之一，也是影响见效时间的关键因素。矿场统计资料表明，在相同地层条件下，驱油剂用量、浓度及段塞大小相同时，油层的剩余油饱和度越高，越容易形成原油富集带，见效时间就越早，驱油效果也就越好。

3）注入参数

注入参数包括聚合物的用量、注入速度和注采完善程度。试验单元实际统计数据表面，聚合物用量越多，含水率下降幅度就越大，平均单井增油量越多。从技术角度上讲，聚合物驱在矿场实施过程中，用量越大效果越好。

4）窜流

矿场资料统计结果表面，窜流的存在严重影响了聚合物驱油效果，虽然窜流井区的油井见效比例与其他井区相近，但平均单井增油量和每米增油量明显较低。可见，有效防止聚合物在地层中窜流可改善驱替效果。

5.3　表面活性剂驱油

5.3.1　表面活性剂驱的概念

表面活性剂驱是以表面活性剂体系作为驱油剂的驱油法。通过将活性剂溶液注入油层，降低油水、油岩界面张力，改变岩石润湿性，达到提高原油采收率的目的。

驱油用表面活性剂体系有稀表面活性剂体系和浓表面活性剂体系。前者包括活性水和胶束溶液；后者包括水外相微乳、油外相微乳和中相微乳（总称微乳）。因此，表面活性剂驱又可分为活性水驱、胶束溶液驱和微乳液驱。

从技术上讲，表面活性剂驱最适合三次采油时注水开发的合理延续，基本不受含水率的限制，可获得较高的水驱残余油采收率。但由于表面活性剂价格较高、投资高、风险大，故其应用受到很大限制。除了温度和矿化度在技术上有一定的限制，其他限制都属于经济因素。从经济角度考虑能否进行表面活性剂驱油的因素如下：

①渗透率及其变异系数。由于表面活性剂是以水作为载体，且无法改变流体流变性，故对于渗透率较低（低于 $40 \times 10^{-3} \mu m^2$）、渗透率变异系数（决定注入流体与被驱替相接触的多少）较大的地层，不适于进行表面活性剂驱。

②流体饱和度及其分布。一般残余油饱和度低于 25%，不适合进行表面活性剂驱。

③原油黏度。为实现合适的流度控制，原油的黏度应小于 40 mPa·s。

④油藏岩性。表面活性剂较适于相对均质的砂岩油藏。因为碳酸岩油藏非均质较严重，且地层水含较多二价阳离子。同时，油藏中黏土矿物易吸附大量表面活性剂，也不适合进行表面活性剂驱油。

5.3.2　活性水驱

表面活性剂浓度小于 cmc 的水溶液称为活性水，活性水改善驱油效果是从肥皂水可以清洗油污的思路发展起来的,20 世纪 40 年代开始应用,可提高采收率 5% ~15% ,一般为 7% 左右。活性水驱常用的活性剂为非离子表面活性剂或耐盐性较好的磺酸盐型和硫酸酯型阴离子表面活性剂。

活性水驱是通过下列机理提高原油的采收率:

(1)降低黏附功

黏附功是指接触面为 $1\ cm^2$ 的液滴从固相表面脱离所需做的功。例如,在水中将接触面为 $1\ cm^2$ 的油滴冲刷下来所需的功:

$$W_a = \sigma_{ow} + \sigma_{ws} - \sigma_{os}$$

式中　σ_{ow}、σ_{ws}、σ_{os}——油水、岩石与水、岩石与油的界面张力。

而油滴附着在岩石上时:

$$\sigma_{ws} = \sigma_{ow}\cos\theta + \sigma_{os}$$

式中　θ——油对地层表面的润湿角。

故

$$W_a = \sigma_{ow}(1 + \cos\theta)$$

由于表面活性剂可降低油水界面张力,同时可以使得润湿角增大(原本亲油表面反转为亲水表面),从而降低了黏附功,使得油滴易于从固相表面脱离,提高洗油效率。润湿反转如图 5.4 所示。

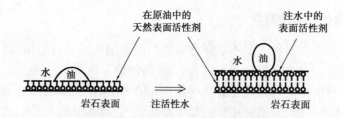

图 5.4　表面活性剂使得地层表面润湿反转

(2)降低亲油油层的毛管阻力

对于亲油油层,毛管阻力为水驱油的阻力,即毛管曲界面两侧的压力差:

$$P_C = \frac{2\sigma}{r}\cos\theta$$

式中　P_C——毛管阻力,MPa;

　　　σ——油水界面张力,mN/m;

　　　r——毛管半径,mm;

　　　θ——油对岩石表面的接触角。

活性水代替普通水后,σ 下降,θ 增大,P_C 下降,活性水就可在相同的驱替压力下,加入半径更小、原本无法加入的孔隙,提高波及系数。

(3)乳化机理

驱油用表面活性剂的 HLB 值一般为 7~8,其在油水界面上的吸附可以稳定水包油型乳状液。当乳状液通过毛细管孔隙时,产生叠加的液阻效应——贾敏现象,使得高渗透层的流动阻力增大,迫使驱替剂进入低渗透段,增大波及系数。

特别是当表面活性剂为离子型表面活性剂时,由于活性剂在乳状液液滴表面和岩石表面的吸附,使得液滴及岩石表面同时带同种电荷,通过静电斥力,一方面液滴不易重新吸附到岩石表面;另一方面液滴与液滴间难以聚并,保持乳状液的稳定性。阴离子型表面活性剂的吸附使得油滴和岩石表面的电荷密度提高,如图 5.5 所示。

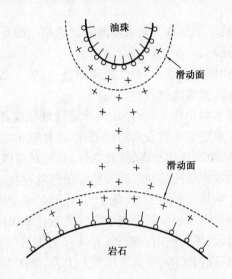

图 5.5　阴离子型表面活性剂的吸附

(4)聚并形成油带机理

当从地层表面驱替下来的油越来越多时,油滴在流动的同时,相互间发生碰撞,当碰撞的能量足以克服其间的静电斥力时,油滴就聚并在一起,现成油带(见图 5.6)。油带不断的聚并分散的油滴,形成连续的油带(见图 5.7)。连续的油带在生产井井底聚集使得近井地带含油饱和度上升,提高油相渗透率,使得原油易于采出。

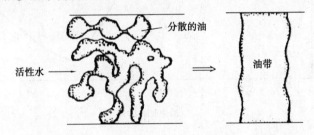

图 5.6　被驱替的油聚并形成油带

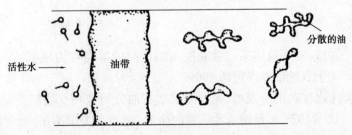

图 5.7　油带向前移动中不断扩大

5.3.3 胶束溶液驱

胶束溶液也属于稀表面活性剂体系,其中表面活性剂浓度大于临界胶束浓度,但其质量分数不超过2%。

以胶束溶液作为驱油剂的驱油法称为胶束溶液驱。这是一种介于活性水驱和微乳液驱油之间的表面活性剂的驱油方法。

为了降低胶束溶液与油相间的界面张力,在胶束溶液中,除了表面活性剂外,还需加入醇(如异丙醇、正丁醇)和(或)盐(如氯化钠)。

与活性水相比,胶束溶液有两个特点:一种是表面活性剂浓度超过临界胶束浓度,因此溶液中有胶束存在;另一种是胶束溶液中除表面活性剂外,还有醇和(或)盐等助剂的加入。

胶束溶液驱有活性水驱的全部作用机理,除此之外,其还具有因胶束存在而具有的增溶机理。胶束增溶油相,使得洗油效率提高,同时,醇和盐等助剂的存在,使得表面活性剂可以最大限度地吸附在油水界面上,产生超低界面张力(低于 10^{-2} mN/m),强化其驱油效果。

值得注意的是,油水界面张力与表面活性剂浓度的关系并非线性反比,存在所谓的最佳浓度范围,低于该浓度胶束未形成,界面吸附未饱和,界面张力无法达到最低;高于该浓度,形成的胶束将一部分高活性表面活性剂增溶,使得界面张力上升,如图5.8所示。

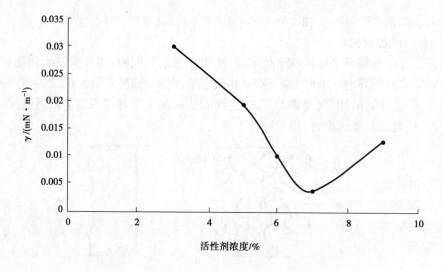

图5.8 油水界面张力与活性剂浓度关系图

5.3.4 微乳驱

微乳状液是一种液-液分散体系。微乳液与油相间的界面张力极低,在一定程度上可与油、水混溶,因而理论上其洗油效率可达100%。

1968年初,微乳液首次用于现场,美国潘卓尔石油公司在宾夕法尼亚 Bradford 油田进行马拉驱油法实验。我国1973年开始微乳液室内研究,逐步在大庆油田、胜利油田进行现场实验,效果明显。

1)胶束溶液、微乳液、乳状液的区别

胶束溶液(micellar solution)是浓度大于 *cmc* 小于2%的活性剂溶液。

微乳液(microemulsion)是油、水、活性剂、助活性剂(低分子醇)及电解质在适当条件下自发形成的透明或半透明的稳定体系,活性剂浓度大于2%。微乳液的本质是胶束溶液,是增溶了油(或水)的胶束溶液,因此又称溶胀胶束(swollen micellar)。

乳状液是互不相溶的两种液体所形成的分散体系,是热力学不稳定体系。

胶束溶液、微乳液、乳状液间的关系:胶束溶液增加活性剂浓度(>2%),加入适当助活性剂及电解质,增溶了油(或水)即可变成微乳液。乳状液和微乳液间可互相转换,如图5.9所示。

水外相微乳液 $\xrightarrow[\text{加入表面活性剂、盐}]{\text{增加油>增溶能力}}$ O/W 乳状液

油外相微乳液 $\xrightarrow[\text{加入表面活性剂、盐}]{\text{增加水>增溶能力}}$ W/O 乳状液

图5.9　乳状液与微乳液的转换

2)微乳液类型

微乳液有以下3种类型:

①水外相微乳(下相微乳,lower phase),是过剩的油和水外相微乳液的平衡分散体系,活性剂的分配系数 $P=\dfrac{C_O}{C_W}<1$,为球形结构。

②油外相微乳(上相微乳,upper phase),是过剩的水和油外相微乳液的平衡分散体系,活性剂的分配系数 $P=\dfrac{C_O}{C_W}>1$,为层状结构。

③中间状态微乳液(中相微乳液,middle phase),是油水达到平衡时的分散体系,活性剂的分配系数 $P=\dfrac{C_O}{C_W}=1$,为层状结构。

3种类型的微乳液在一定条件下可互相转换。中相微乳液驱油效果最佳,具有以下特点:

①中相微乳与油水两相的界面张力都可达到超低;
②活性剂在地层中滞留量最小;
③在孔隙介质中油珠聚并时间最短;
④残余油饱和度最低。

3)微乳液/聚合物驱油机理

(1)混相驱

微乳液可增溶油和水,与油水混溶达到混溶区时,由于与油无相界面,减少了毛管力作用的影响,驱油效果最好,油外相微乳液可与油混相,黏度比水高,吸附损失小,抗盐性强,相应效率比水外相稍好,但经济性比水外相差。

(2)超低界面张力非混相驱

中相微乳液就是利用超低界面张力非混相驱提高毛管数 N_C,N_C 达到 10^{-2} 时基本上可把残余油驱净。

$$N_C=\frac{\mu_d v_d}{\sigma_{ow}}$$

式中　μ_d——驱替流体黏度;
　　　v_d——驱动速度;

σ_{ow}——油水间的界面张力。

（3）增加驱替剂的黏度,提高扫油效率

微乳液的黏度比水高,一般可达十至几十 mPa·s,因此可改善流度比,提高扫油效率,为进一步改善流度比,微乳液塞后缘用聚合物段塞,以防黏性指进,因此,微乳液驱又称微乳液/聚合物驱。

4）影响驱油效果的因素

（1）活性剂组成

并非所有的活性剂都能制成微乳液,常用的为阴离子和非离子活性剂。目前国外多采用来源广、价格便宜的石油磺酸盐,而且降低界面张力较好,可降到 10^{-3} mN/m。石油磺酸盐是复杂的混合物,驱油效果与磺酸盐当量（EW）有关。实验证明,磺酸盐当量（EW）高,界面张力（σ）低。

$$EW = \frac{M_{\text{S}}}{n_{\text{S}}}$$

式中 M_{S}——磺酸盐的相对分子质量;

n_{S}——磺基个数。

①高当量的石油磺酸盐（$EW > 500$）几乎不溶于盐水,在岩石中滞留量（吸附）大,驱油效率最差。

②低当量的石油磺酸盐（$EW < 350$）界面张力高,对残余油流动几乎无效。

③平均当量（$EW = 375 \sim 475$）的石油磺酸盐界面张力最低,得到的石油采收率最高。

原料组成、沸点范围和磺化工艺,直接影响石油磺酸盐的质量,即磺化当量和降低界面张力的能力。若用 $371 \sim 482$ ℃,芳烃含量 70% 的石油馏分,发烟硫酸磺化,所得石油硫酸盐的当量为 426,油水界面张力为 0.06 mN/m,若将该馏分在薄膜磺化器中磺化,所得产品界面张力为 0.05 mN/m,若再用溶剂抽提磺化产物的高当量部分,则油水界面张力可降到 0.02 mN/m。

（2）活性剂结构

活性剂结构研究证明:异构的（带支链的）烷基苯磺酸钠盐比相同相对分子质量正构的（直链）烷基苯磺酸钠盐产生的界面张力低得多。当活性剂浓度一定时,烷烃的长度即 C 原子数 n 在 $12 \sim 14$ 时,得到的界面张力最小,烃链长度超过 14 个 C 原子时,界面张力又会上升,因此,配制微乳液多采用十二烷基苯磺酸盐。

（3）活性剂浓度

活性剂浓度增加,界面张力见效,当达到 cmc 时,界面张力不变,但为了增加微乳液的增溶性,还需增加活性剂浓度。

对低浓度、大段塞非混相驱,活性剂浓度小于 2%,段塞体积为 15% ~ 60% PV（实为低张力水驱）;对高浓度、小段塞混相驱,表面活性剂浓度为 4% ~ 15%,段塞体积为 3% ~ 20% PV。我国的石油磺酸盐中的芳烃度较小,活性剂浓度甚至高达 20%。

（4）盐

地层水中往往含有无机盐,有的地层高达 20×10^{4} mg/L,一般都是氯化钠、硫酸钙、硫酸镁等。在配制微乳液中,氯化钠低界面张力比其他盐低,Ca^{2+}、Mg^{2+} 会中和阴离子石油磺酸盐的电荷使微乳液产生沉淀,达不到驱油效果。因此,要求地层二价离子浓度小于 50 mg/L,若为

300～500 mg/L,则驱油无效,因此需加三聚磷酸钠($Na_2P_5O_{10}$)或六偏磷酸钠螯合二阶金属离子。盐加入的浓度为一定值,能使微乳液产生超低界面张力,若氯化钠浓度超过一定值,则会使磺酸盐发生沉淀而失效,因此,得到最低界面张力时的含盐量称为最佳盐度,或油和水体积相等时,中相微乳液的含盐量称最佳盐度。盐度影响体系的相态变化。随着盐度增加,微乳液相态由 L→M→U。因为增加盐度,活性剂的水溶性变差,活性剂则逐渐分配成油相,油中活性剂浓度随盐度增加而增加,在达到最佳盐度时,油和盐水中的活性剂浓度相等,则微乳液为中相。

(5)醇

醇影响微乳液的增溶性、相态;醇的类型影响乳液的类型。

①影响增溶性。醇量多,增溶性好,增溶性的大小用增溶参数表示,增溶参数就是单位体积活性剂所增溶的油或水的体积,即:

$$C_\phi = \frac{V_O}{V_S} \text{或} \frac{V_w}{V_S}$$

式中　V_O——增溶油的体积;

　　　V_w——增溶水的体积;

　　　V_S——活性剂的体积。

②影响微乳液类型。一般来说,C_{2-4} 醇形成水外相微乳液;C_{5-8} 醇形成油外相微乳;C_1、C_9、C_{10} 醇不能形成微乳液。

③影响微乳液相态。使微乳液由 L→M→U,最佳醇度是得到最低界面张力、最高增溶参数时的醇度。

(6)温度

当含盐量恒定时,温度升高,$\sigma_{M,O}$ 和 $\frac{V_w}{V_S}$ 增加,相特性由 U→M→L。

(7)原油组成

原油组成的影响包括两个方面:一是配制微乳液所用的烃类;二是油藏原油组成。为避免微乳液进入油层后组成变化太大,最好用所驱油藏的原油配制微乳液。配制微乳液所用油的性质不同,与石油磺酸盐体系产生的界面张力不同。即一定浓度的活性剂和盐浓度,只有一定碳原子数的烷烃才能与其形成最低界面张力,这就是烷烃的碳原子数 ACN(alkyl carbon number)。例如,0.2% TR-80 磺酸盐与 1% 氯化钠配制的活性剂溶液,最低界面张力在正庚烷处,即最低界面张力的 $ACN = n_{min} = 7$。通过实验,发现丁基环己烷也得到了低界面张力,可以说丁基环己烷与正庚烷是等效的,称为等效碳原子数 EACN(equivalent alkyl carbon number)。实验证明,C_{6-18} 的烃类可形成微乳液,配制微乳液所用油的碳原子数与磺酸盐的碳原子数有相关性,根据此相关性可得到增溶参数 C 最大的中相微乳液。

(8)pH 值

在低盐度下,pH 值升高,体系由 U→M→L;在高盐度下,取决于体系的组成,也可出现 U→M→L。在一定的 pH 值范围内,pH 值的变化可补偿盐度改变带来的影响,因此,它可能在更宽的 pH 值范围内产生超低界面张力,而过剩的 OH^- 又可能与阳离子结合起电解质作用,使相态由 L→M→U,一般 pH>10 时采收率高。

（9）地层吸附

活性剂在地层会被吸附，尤其是黏土含量大的地层吸附量更大，使活性剂浓度降低，微乳液驱失败，地层水的 pH 值越小，吸附损失越大，黏土的吸附损失占总吸附损失的 99% 以上，砂岩含 1% ~2% 石膏，原油采收率从 98% 降至 55%。地层中的阳离子（如 Ca^{2+}、Mg^{2+}、Ba^{2+}）也会与阴离子活性剂反应生成沉淀造成活性剂损失并堵塞地层孔隙，石油磺酸盐耐小于 500 mg/L 的二价阳离子。减小吸附量的方法：

①常用 pH 值大于 10 的水溶性正硅酸盐（Na_2SiO_4）或 Na_2CO_3 作预冲洗液；

②加三聚磷酸钠、羟基聚合铝使黏土絮凝，减小黏土的吸附量；

③用螯合剂（如柠檬酸、三聚磷酸钠、乙二胺四乙酸（EDTA）等）把 Ca^{2+}、Mg^{2+} 螯合掉；

④采用当量分布宽的石油磺酸盐，相对分子质量大的部分做牺牲剂先吸附掉，保护中等当量磺酸盐。当然，要使得微乳液驱油效果好，主要应从配方和活性剂的选择上下功夫。

5）微乳液/聚合物驱存在的问题

①活性剂用量大、成本高。

②产生超低界面张力的机理尚不清楚，目前接受最多的是 K. S. Chan 和 D. O. Shan 提出的理论，认为超低界面张力的主要条件是：活性剂的界面浓度、界面电荷密度及油和水的相互增溶性。界面电荷密度高，界面张力低。

③活性剂复配机理尚不明确。表面活性剂存在协同效应（synergism），即不同种类表面活性剂配合使用效果优于单一表面活性剂，例如用量更少、界面张力降得更低等。

5.3.5　泡沫驱油

泡沫驱是以泡沫作为驱油剂提高采收率的驱油法。在注气二次采油中，由于气体黏度低，易发生窜流，驱油效率低，1958 年，美国 Bond 和 Houbrook 提出用表面活性剂和气体混合物（即泡沫）注入地层，由于泡沫黏度较水高，提升了驱油效率。泡沫驱油逐渐得到重视。

1）泡沫驱油机理

（1）Jamin 效应叠加机理

对泡沫，Jamin 效应是指气泡对通过喉孔的液流所产生的阻力效应。当泡沫中气泡通过直径比它小的孔喉时，就会发生这种效应。Jamin 效应可以叠加，所以当泡沫通过非均质地层时，它首先进入高渗透层，由于 Jamin 效应的叠加，泡沫的流动阻力逐渐增加，泡沫转而进入原本渗透率较低的地层。随着注入压力的增加，泡沫会依次进入原本由于渗透率低、渗流阻力大的中、低渗透地层，增大波及系数，提高采收率。

（2）增黏机理

泡沫的黏度大于水，改善了流度比。注气和注水的流度比 $M = 10 ~ 100$，注泡沫的流度比 $M = 1$。

泡沫黏度会随泡沫特征值的变化而变化。泡沫特征值是描写泡沫性质的一个重要物理量。泡沫特征值是指泡沫中气体体积对泡沫总体积的比值。通常泡沫特征值为 0.52 ~ 0.99。泡沫特征值小于 0.52 时的泡沫称为气体乳状液。泡沫特征值大于 0.99 时的泡沫易于反相变为雾。泡沫特征值超过 0.74 时，泡沫中的气泡就会变成多面体。泡沫黏度随泡沫特征值的变化关系如图 5.10 所示。

泡沫黏度大于水，这是由于水的黏度只来源于相对移动液层间的内摩擦，而泡沫的黏度除了来源于相对移动分散介质(水相)间的内摩擦,还来源于分散相(气相)间的碰撞。由图 5.10可知,当泡沫特征值超过一定数值(0.74)时,泡沫黏度急剧上升,这是由于此时分散相增多,开始相互挤压、变形,形成多面体,分散相内摩擦急剧增加。

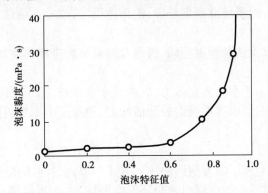

图 5.10　泡沫黏度与泡沫特征值的关系

泡沫黏度可用以下经验式计算:

①当泡沫特征值小于 0.74 时:

$$\mu_f = \mu_o(1.0 + 4.5\phi)$$

式中　μ_f——泡沫黏度;

　　　μ_o——分散介质黏度;

　　　ϕ——泡沫特征值。

②当泡沫特征值大于 0.74 时:

$$\mu_f = \mu_o \cdot \frac{1}{1 - \sqrt[3]{\phi}}$$

从上式可以计算出,当 $\phi = 0.9$ 时,泡沫黏度约为分散介质的 29 倍。

(3)稀表面活性剂体系驱油机理

由于起泡剂是表面活性剂,故表面活性剂提高原油采收率的机理,泡沫驱油同样具有,诸如降低油水界面张力、乳化、润湿反转等。

2)泡沫的稳定性

将气体压入表面活性剂溶液时,就有了气液界面,表面活性剂会吸附在气液界面形成单吸附层,当气泡数量少并且分散时,界面吸附层就会对气泡间的合并起阻碍作用,当气泡以分散状态逸出液相时,外层液膜在气相中就变成有内外两个气液界面,分别形成两个吸附层,这种由活性剂构成的双吸附层,对气泡薄膜起保护作用。泡沫的稳定机理如下:

①活性剂亲水极性端水化,水分子定向排列,使得泡间液膜内的表观黏度增大,泡沫稳定性增强。

②活性剂非极性端烃链由于分子间力而横向结合,使得液膜的强度增加,使泡沫稳定。

③泡沫有双覆盖层,使得液相不易排出,当 $\phi > 0.74$ 时,泡沫相互挤压变形,形成蜂窝状结构,这种结构是薄壁结构中强度最大和最稳定的结构。

④离子型表面活性剂的极性端在水中电离,极性基团间的静电排斥作用增加了泡沫的稳定性。

3)影响泡沫稳定性的主要因素

(1)分散介质的黏度

分散介质黏度越大,液膜排液速度越慢,泡沫越稳定,故常在活性剂水溶液中加入增黏剂。

(2)温度

温度越高,体系内分子活跃程度越高,气泡合并及液膜排液速度加快,泡沫稳定性降低。

(3)接触油相

由于油气界面张力小于水气界面张力,故油易于在泡沫表面上展开,一方面,油膜本身强度低;另一方面,新形成的油水界面吸附表面活性剂,使得原本水气界面上活性剂浓度下降,降低泡沫稳定性。

4)泡沫的注入方式

泡沫一般有层外发泡和层内发泡两种注入方式。层内发泡即在地面用泡沫发生器配好在注入地层,也可将气体与活性剂溶液由油套环形空间注入,在射孔眼混合成泡沫后注入地层。层内发泡即交替注入气体和活性剂溶液,使其在地层中形成泡沫。

层外发泡和层内发泡方法各有优缺点,层外发泡因泡沫黏度大、摩阻高,导致泵压大。层内发泡注入压力低,方便施工,但无法控制泡沫质量。

5.3.6 表面活性剂驱存在的问题

研究表明,我国23个油田适用表面活性剂驱的地质储量占总储量的63%,潜力巨大,但该技术现阶段还存在以下3个主要问题:

(1)表面活性剂的滞留

表面活性剂在地层中有4种滞留形式,即吸附(吸附在黏土表面)、溶解(在剩余油和地层水中)、沉淀(阴离子活性剂与高价金属离子反应)及与聚合物不配伍而絮凝、分层。可采用加入牺牲剂的方式解决,但会增加成本。

(2)乳化作用

乳化主要是产出液的破乳问题。特别是在产出液含有聚合物时,由于黏度较高,破乳较困难,难以油水分离。

(3)流度控制

由于表面活性剂溶液的流度大于油相流度,故表面活性剂驱油体系易于沿高渗透层进入油井,为控制其流度,可选择聚合物和泡沫。

5.4 碱 驱

为克服表面活性剂在地层易于被吸附及用量大、价格高等问题,利用原油中含有的各种有机酸及潜在酸性物质,如环烷酸、沥青等,注入碱水(氢氧化钠、碳酸钠、硅酸钠、氨水等)使其在地层中生成表面活性剂来驱油,可提高采收率10%以上。

5.4.1 碱性水驱提高采收率的机理

1)降低油水界面张力

碱水与原油中的酸性物质及潜在酸(如酯类)反应,生成表面活性剂。例如,生成的表面活性剂,可使油水界面张力降至 1×10^{-2} mN/m 以下,如图 5.11 所示。

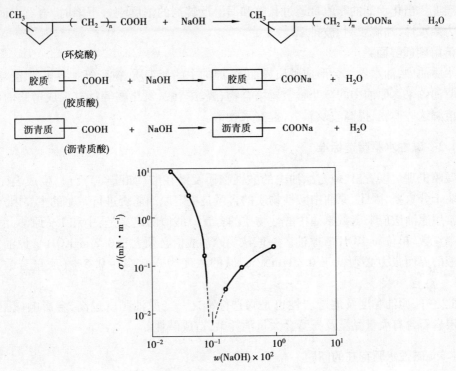

图 5.11　某原油的界面张力与氢氧化钠浓度的关系

2)乳化作用

碱水与原油反应生成表面活性剂可使得原油乳化而提高采收率,有两个基本原理:

(1)乳化-携带机理

在碱含量和盐含量都低的情况下,由碱与石油酸反应生成的表面活性剂可使地层中的剩余油乳化,并被碱水携带着通过地层。按此机理,碱驱应有以下特点:

①可形成油珠直径相当小的乳状液;

②通过乳化提高碱驱的洗油效率;

③碱水在油井突破前采油量不可能增加;

④油珠的聚并性质对过程有不利影响。

(2)乳化-捕集机理

在碱含量和盐含量都低的情况下,由于低界面张力使油乳化在碱水相,但油珠直径较大,因此,当它向前移动时,就被捕集,增加了水的流动阻力,即降低了水的流度,从而改善了流度比,增加了波及系数,提高了原油采收率。按此机理,碱驱应有以下特点:

①可形成油珠直径较大的乳状液;

②分散的油珠会被捕集在较小孔道;

③碱水在油井突破前采油量可以增加;

④油珠的聚并性质对过程有有利的影响。

3)岩石润湿性反转

碱水与原油反应生成表面活性剂使得原本亲水的油藏反转未亲油油藏,原本在亲水条件下驱替下来的油滴在表面张力降低的作用下,沿岩石表面铺散,解堵由于油滴贾敏效应而堵塞的孔隙喉道。当化学剂的峰值带通过孔隙和润湿反转剂的浓度刚好下降时,岩石表面的润湿性恢复为亲水性,油滴脱附,被排驱。

4)溶解硬质界面膜

在水驱油中,油水界面会形成硬质界面膜,原油中的沥青质、树脂等难溶于油,会堵塞孔道而影响驱油效果。原油中的卟啉金属络合物、醛、酮、酸、氮化物等都有形成薄膜的可能,而强碱可溶解这些薄膜,提高波及系数,提高采收率。

5.4.2 碱性水驱筛选标准

由碱驱机理可以看出,碱与原油中的酸性物质及潜在酸(如酯类)反应,生成表面活性剂对于碱驱十分重要,因此,原油中酸性物质的含量是决定原油能否进行碱驱的主要因素。

通常用原油酸值来衡量原油中酸性物质的含量。酸值的定义是:中和 1 g 原油,消耗氢氧化钾的毫克数,单位 mgKOH/g 原油。一般认为原油酸值必须大于 0.2 mgKOH/g 原油,同时原油与碱液的界面张力必须低于 0.01 mN/m,碱的浓度为 0.05% ~ 0.5%(质量分数),pH = 12.5。

除此之外,原油黏度及地层岩性也是筛选标准之一。原油黏度过高,会影响碱驱波及效果。地层岩石含有大量黏土及石膏会大量消耗碱,造成碱耗。

5.4.3 碱性水驱存在的问题

碱性水驱存在下述 4 个主要问题:

(1)碱耗

大量的碱会消耗于与地层水中二价金属离子的反应,故碱驱地层中黏土及石膏含量不能太高。

(2)结垢

碱与水中的钙、镁离子可引起注入系统和注入井近井地带结垢,碱与地层矿物反应产生的可溶性硅酸盐和铝酸盐,也可在油井产出时与其他方向进入水中的钙、镁离子反应,引起油井近井地带和生产系统结垢。

(3)乳化

产出液为乳状液,需作破乳处理,分离油水两相。

(4)流度控制

由于碱液流度大于油相流度,故碱液体系易于沿高渗透层进入油井,起不到驱油的作用,为控制其流度,可选择流度控制剂。

5.5 复合驱油

5.5.1 复合驱概念

复合驱是指两种或两种以上驱油成分组合起来的驱动。这里讲的驱油成分是指化学驱中的主剂(聚合物、碱、表面活性剂),它们可按不同的方式组成各种复合驱,如碱 + 聚合物的驱动称为稠化碱驱或碱强化聚合物驱;表面活性剂 + 聚合物的驱动称为稠化表面活性剂驱或表面活性剂强化碱驱;碱(A) + 表面活性剂(S) + 聚合物(P)的驱动称为 ASP 三元复合驱。可用准三组分相图表示化学驱中各种驱动的组合,如图 5.12 所示。

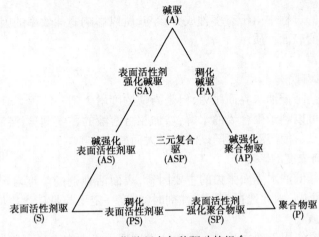

图 5.12　化学驱中各种驱动的组合

5.5.2　三元复合驱的机理

三元复合驱是在单一驱动和二元复合驱的基础上发展起来的,相对于两者,三元复合驱具有更好的驱油效果,这主要是由于三元复合驱中 3 种驱油成分聚合物、表面活性剂、碱具有协同效应,它们在协同效应中起着各自的作用。

1)**聚合物的作用**

①聚合物改善了表面活性剂和(或)碱溶液对油的流度比。

②聚合物对驱油介质的稠化,可减小表面活性剂和碱的扩散速率,从而减小它们的药品损耗量。

③聚合物可与钙、镁离子反应,保护了表面活性剂,使它不易形成低表面活性的钙、镁盐。

④聚合物提高了碱和表面活性剂形成的水包油乳状液的稳定性,使波及系数(按乳化-捕集机理)和(或)洗油能力(按乳化-携带机理)有较大的提高。

2)**表面活性剂的作用**

①表面活性剂可降低聚合物溶液与油的界面张力,使其具有洗油能力。

②表面活性剂可使油乳化,提高了驱油介质的黏度。乳化的油越多,乳状液的黏度越高。

③若表面活性剂与聚合物形成络合结构,则表面活性剂可提高聚合物的增黏能力。

④表面活性剂可补充碱与石油酸反应产生表面活性剂的不足。

3)**碱的作用**

①碱可提高聚合物(HPAM)的稠化能力。

②碱与石油酸反应产生的表面活性剂,可将油乳化,提高了驱油介质黏度,因而加强了聚合物控制流度的能力。

③碱与石油酸反应产生的表面活性剂与合成的表面活性剂有协同效应。

④碱可与钙、镁离子反应或黏土进行离子交换,起牺牲剂作用,保护了聚合物与表面活性剂。

⑤碱可提高砂岩表面的负电性,减少砂岩表面对聚合物和表面活性剂的吸附量。

⑥碱可提高生物聚合物的生物稳定性。

由于各成分的相互作用,因此,复合体系的驱油效率高,化学剂消耗少,成本降低。

5.5.3 影响三元复合驱的因素

在三元复合驱的过程中由于有多种成分参与,所以影响驱油效率的因素有很多,主要是驱油剂的浓度和岩石的表面性质。

1)驱油剂的浓度

(1)碱浓度的影响

碱浓度的增加会降低油水界面张力,但是当碱浓度增大到一定程度时,油水界面张力会不降反升。碱的加入可以利于聚合物的水解,增加驱替溶液的黏度,但当溶液中钠离子浓度过大时,会压缩扩散双电层,使溶液黏度随碱浓度增大而减小。

(2)表面活性剂浓度的影响

表面活性剂是降低油水界面张力的主要因素,表面活性剂的浓度对形成超低界面张力的最佳含盐量有很大影响,因此选择表面活性剂时,浓度一定要与最佳含盐量相对应。

2)岩石表面性质

三元复合驱主要作用于砂岩油藏。碳酸盐岩地层由于含有大量可消耗碱剂的硬石膏或石膏,碱性物质也会与黏土等矿物质起化学反应,黏土含量高时还会增加表面活性剂的吸附,使驱油效率下降。

除了上述两者外,原油的化学组成、地层水矿化度及pH值等也是影响三元复合驱效果的因素。

5.5.4 三元复合驱存在的问题

由于三元复合驱是由两种或两种以上的驱油成分组合起来的驱动,因此三元复合驱也会存在3种单一驱油方法所存在的问题,除此之外,三元复合驱还存在色谱分离现象。

所谓色谱分离现象是指组合的驱油成分以不同的速度流过地层的现象。这主要是由于各驱油成分在地层表面的吸附能力不同,色谱分离现象的发生会降低三元复合驱中各驱油成分间的协同作用。在三元复合驱过程中组合驱油成分发生色谱分离现象是不可避免的,只能通过加入牺牲剂对地层进行预处理才能缓解这一现象。

习题

5.1 从分子结构、相对分子质量、水解度等方面分析HPAM适合作为驱油剂的原因。

5.2 简述活性水驱和碱驱从驱油机理方面的异同点。

5.3 简述微乳液、乳状液、胶束溶液三者的区别及联系。

5.4 微乳液相态转化规律是怎样的?

5.5 判断原油是否适合碱驱的标准是什么,基于什么理由?

5.6 三元复合驱中碱对于另两种驱油成分的优化作用有哪些?

第**6**章
油气层的化学改造

6.1 酸化及酸化用酸

6.1.1 酸化定义及酸化原理

1)定义

酸化是用酸或潜在酸处理油气层,以恢复或增加油气层渗透率,实现油气井增产和注水井增注的一种技术。

酸化按对象可分为碳酸盐岩油气层酸化和砂岩油气层酸化;按酸化工艺可分为基质酸化和酸化压裂;按酸液组成和性质可分为常规酸化和缓速酸酸化。

基质酸化是指在低于岩石破裂压力的条件下,将酸液注入油气层,使之沿着径向渗入油气层,溶解孔隙及喉道中的堵塞物。酸化压裂是在足以压开油气层形成裂缝或张开油气层原有裂缝的压力下,对油气层挤酸的一种工艺。它包括前置酸压(使用高黏度前置液压开油气层,随后泵入酸液的酸化)和普通酸压(直接用酸液进行压裂的酸化)。

常规酸化是指直接用酸作用于油气层。而缓速酸酸化是指用缓速酸(以延缓与油气层岩石的反应,增加酸的有效作用距离为目的而配制的酸)处理油气层。

碳酸盐岩油气层酸化可采用基质酸化和压裂酸化两种方式。而砂岩油气层一般只进行基质酸化,不进行压裂酸化。

2)酸化原理

(1)碳酸盐岩油气层基质酸化原理

碳酸盐岩油气层主要矿物成分是方解石 $CaCO_3$ 和白云石 $CaMg(CO_3)_2$。其储集空间分为孔隙和裂缝两类。碳酸盐岩油气层基质酸化处理,就是用盐酸溶解孔隙、裂缝中的堵塞物质或扩大沟通油气层原有孔隙、裂缝,提高油气层的渗透率,降低油气渗透阻力,从而提高油气井的储量。其酸化过程中的主要化学反应为:

$$CaCO_3 + 2HCl \longrightarrow CaCl_2 + H_2O + CO_2 \uparrow$$

需要特别注意的是反应产物的状态,其对最终酸化效果有较大影响,包括:

①$CaCl_2$ 的溶解能力。由实验数据可知,$CaCl_2$ 极易溶于水,在施工条件下,反应后生成的

$CaCl_2$ 全部呈溶解状态,不会沉淀,可将酸化残液当作水溶液考虑。

②CO_2 的溶解能力。在油气层条件下,部分 CO_2 溶解于酸液中,部分呈自由气状态,自由气状态 CO_2 的多少与油气层压力、温度及 $CaCl_2$ 浓度有关。油气层温度越高,压力越低,$CaCl_2$ 浓度越高,CO_2 越难溶解于酸液中。

③反应物对渗流的影响。

如前所述,反应产物 $CaCl_2$ 全部溶解在残酸中,其密度及黏度都较高,对流动产生两个方面的影响:一方面由于黏度较高,携带固体颗粒的能力较强,有利于将酸化后油气层脱落的颗粒带走,防止油气层的堵塞;另一方面,由于黏度高,导致流动阻力增大,对油气层渗流不利。

另一反应产物 CO_2 部分溶于液相,部分以小气泡的形式呈游离态,其对渗流的影响,可从相渗透率和相饱和度的关系上作具体分析:当气泡数量少,未形成足够的气相饱和度,对流动有妨碍;当具有足够的气相饱和度后,可形成对排液起推动力的助喷作用。

残酸液具有较高的界面张力或与油生成乳状液,黏度高达几千 $mPa \cdot s$,对油气渗流不利。此外,地层中其他矿物质如三氧化二铝、硫化亚铁、三氧化二铁等,也可与酸反应,产物在中性或弱酸性环境(残酸液)中易于生成氢氧化物絮胶状沉淀,且难以从地层中排出,形成所谓的二次沉淀。

在酸化作业中应充分分析各种可能产生的不利因素,并通过采取各种措施加以去除或抑制。

(2)碳酸盐岩油气层酸化压裂原理

碳酸盐岩油气层酸化压裂是指在高于地层吸收能力的排量下,向油气层中挤入酸液,使得井底压力偏高,一旦井底压力大于岩石的破裂压力,就会使得地层中原有裂缝撑开而加宽,或形成新的裂缝。继续以高排量注酸,酸液在压开的裂缝中流动,酸的有效作用距离增加。依靠酸液的水力和溶蚀作用可形成延伸较远的酸压裂缝,利用酸与岩石反应溶蚀裂缝,使壁面凹凸不平。当施工完成后,这部分的裂缝无法闭合紧密,会保持一定的刻蚀度,从而提高了油气层的导流能力。油气层中油气进入泄油面积较大的裂缝,再沿裂缝流入井底,增加油气井的产量。

(3)砂岩油气层酸化原理

砂岩是由石英、长石颗粒和粒间胶结物(黏土和碳酸盐类)等物质组成。砂岩油气层一般采用水力压裂增产措施,但对于胶结物较多或污染堵塞严重的砂岩油气层,也常采用以解堵为目的的常规酸化处理。砂岩油气层酸化一般用土酸或能在油气层中生成氢氟酸的液体物质进行酸化处理。其原理是通过酸溶液溶解砂粒间的胶结物和部分砂粒,或者溶解孔隙中的泥质堵塞,以恢复、提高井底附近油气层的渗透率。其酸化过程中的主要化学反应如下:

①石英与氢氟酸反应:

$$SiO_2 + 4HF \longrightarrow SiF_4 + 2H_2O$$

$$SiF_4 + 2HF \longrightarrow H_2SiF_6$$

②钠长石、钾长石与氢氟酸反应:

$$NaAlSi_3O_8 + 22HF \longrightarrow NaF + AlF_3 + 3H_2SiF_6 + 8H_2O$$

$$KAlSi_3O_8 + 22HF \longrightarrow KF + AlF_3 + 3H_2SiF_6 + 8H_2O$$

实验表明,土酸酸化砂岩油气层时,开始渗透率不升反降,继续注酸,渗透率增大。造成这种现象的原因是:一是由于砂岩基质部分解体,一些微粒及解体生成的微粒随酸液运移至孔喉而引起堵塞;二是难溶物质的生成。但随着反应的继续进行,酸溶解了堵塞物,渗透率随之上升。由此可见,砂岩油气层的酸化较碳酸盐岩油气层的酸化难度大,处理不当易产生二次沉淀,导致酸化失败。

影响其酸化效果的因素有:

①黏土矿物的水化膨胀和微粒运移造成油气层的损害。砂岩油气藏中一般含有不同类型和数量的黏土矿物质,这些矿物质与外部水基液体接触后,会引起黏土的水化膨胀和微粒运移,例如,蒙脱石、伊蒙混层等矿物质易水化膨胀,高岭石易产生微粒运移等。

②酸化后形成二次沉淀造成油气层损害。酸化后的二次沉淀主要有氟化物沉淀和氢氧化物沉淀两类。

a.氟化物沉淀。砂岩油气层中含有钙离子,砂岩中不同程度地含有钙长石、钠长石、钾长石等,与氢氟酸相遇后易生成 CaF_2、Na_2SiF_6、K_2SiF_6 沉淀。

b.氢氧化物沉淀。由于管柱的腐蚀、地层含铁矿物质的溶解等原因,酸化后的地层会含有一定量的 Fe^{3+}。当残余酸浓度降到一定程度后,pH 值大于 2.2 时,生成 $Fe(OH)_3$ 凝胶状沉淀。酸的浓度继续下降,还会生成 $Si(OH)_4$ 沉淀,这都会导致孔喉堵塞,降低渗透率,影响酸化效果。

③排液不及时。酸化后若不及时排液,残酸在油气层中停留时间过长,当残酸浓度过低,会生成 CaF_2、$Fe(OH)_3$、$Si(OH)_4$ 沉淀,堵塞孔喉,降低油气层渗透率。

④砂岩油气层受钻完井的污染情况对酸化效果的影响很大。对于未受钻井、完井、修井、注水等作业污染的砂岩油气层,用土酸酸化效果不佳;对于由于油气层自身黏土矿物质水化膨胀和分散运移而引起的损害,酸化处理效果随活性酸的穿透距离增加而增加;对于受钻井液伤害的砂岩油气层,只要接触浅层损害,就可得到较好的效果。

⑤酸化压裂对砂岩油气层酸化效果的影响。土酸与砂岩油气层反应刻蚀比较均匀,不能造就有效的液流通道,所以砂岩油气层酸化压裂效果不明显,一般不使用土酸对砂岩油气层进行酸化压裂处理。

6.1.2　酸化用酸

1)盐酸

油气层用盐酸酸化时,一般使用工业级盐酸,其浓度一般为 31% ~ 34%,目前一般使用28%的浓盐酸,使用高浓度盐酸的优势在于:

①酸-岩反应速度相对较慢,有效作用半径较大。

②单位体积酸液产生的 CO_2 较多,利于废酸的排出。

③单位体积酸液生成的氯化钙较多,抑制 HCl 的电离,从而控制酸-岩反应的速度。同时,较高的氯化钙浓度,使得残酸黏度增加,有利于悬浮、携带固相颗粒。

④受地层水稀释的影响较小。

盐酸处理的主要缺点是:

①与碳酸盐岩反应速度较快,特别是高温深井,由于油气层温度高,反应速度快,导致酸化作用半径小,无法处理到油气层深部。

②盐酸对金属腐蚀严重。

③对于 H_2S 含量较高的井,用盐酸处理易引起钢材的氢脆断裂。

2）土酸

在岩层中含泥质较多,碳酸盐较少,油井受钻井液污染较为严重且滤饼中碳酸盐含量较低的情况下,用普通盐酸处理效果不理想。对于这类油水井多采用 10%～15% 的盐酸和 3%～8% 的氢氟酸与添加剂组成的混合酸进行处理,这种混合酸即为土酸(又称泥酸)。

土酸混合使用的原因是:

①氢氟酸与硅酸盐类及碳酸盐类的反应,易生成氟化物沉淀,只有在酸液浓度高时才处于溶解状态。且氢氟酸与石英反应后生成的氟硅酸,易于生成氟硅酸钠等沉淀,故在酸化前应先将地层水顶替,避免其与氢氟酸接触。

②氢氟酸与砂岩中各成分的反应速度不同。氢氟酸与碳酸盐反应速度最快,其次是硅酸盐(黏土),最后是石英。故当氢氟酸进入地层后,大部分氢氟酸首先消耗在与碳酸盐的反应上。而盐酸与碳酸盐的反应较氢氟酸与碳酸盐的反应速度快,故采用盐酸和氢氟酸混合使用,可发挥氢氟酸溶解硅酸盐及石英的作用。

在实际应用中,若地层泥质含量较高,氢氟酸浓度取上限,盐酸浓度取下限;当地层碳酸盐含量较高时,氢氟酸浓度取下限,盐酸浓度取上限。

3）特殊的无机酸

（1）磷酸

以磷酸为主体酸并加入多种助剂(如缓蚀剂、磷酸盐结晶改进剂、强极性表面活性剂等)的浓缩液称为浓缩酸。磷酸是一种缓速酸,其反应速度比盐酸慢 10～20 倍,可实现活性酸深部穿透目的。磷酸与盐酸、氢氟酸联合使用,适用于钙质胶结物含量高的砂岩油水井的酸化,用以解除油气层较深部铁质、钙质污染堵塞。

同时由于磷酸是中强酸,在水中发生三级电离,可与磷酸二氢盐形成缓冲溶液,保持酸液的 pH 值,防止二次沉淀。

（2）硫酸

硫酸可用于处理高温灰岩油气层,因为其与灰岩的反应速度在较宽的浓度范围内都较盐酸慢得多。硫酸与灰岩反应,生成大量细小的无水硫酸钙,易于被水流带走,对油气层渗透率无实质影响。而随硫酸钙浓度增加,酸液有效黏度增加,使得高渗透层的水流阻力增加,后续酸液进入原本的低渗透层,实现多层次酸化。其使用浓度一般为 35%～40%。

4）低分子有机酸

（1）低分子羧酸

低分子羧酸主要由甲酸、乙酸、丙酸及其混合物组成。甲酸、乙酸都是有机弱酸,在水中部分电离为氢离子和酸根离子,离解常数很低(甲酸为 2.1×10^{-4},乙酸为 1.8×10^{-5},而盐酸接近于无穷大)。其反应速度为同等浓度盐酸的几分之一到几十分之一。在高温(高于 120 ℃)深井中,盐酸的缓速和缓蚀无法解决时,可使用低分子羧酸酸化碳酸盐岩油气层。甲酸比乙酸的溶蚀能力更强,更宜酸化。

甲酸或乙酸与碳酸盐岩作用生成的盐类,在水中溶解度较小,故酸化时,酸的浓度不宜过高,以防沉淀堵塞地层。一般甲酸浓度不高于 10%,乙酸浓度不高于 15%。

（2）芳基磺酸

芳基磺酸的通式为 $R_x C_6 H_z (SO_3 H)_y$,式中 R 为 $C_{1\sim2}$,$x = 0\sim3$,$y = 1\sim2$,$z = 6 - (x + y)$,如苯磺酸、间苯二磺酸、邻甲苯磺酸等。芳基磺酸具有氯乙酸的特点,即浓度越高,反应速度越慢,故一般使用浓度大于35%(质量分数)的浓度,对于高温井可以使用大于50%(质量分数)的浓度。

(3)氨基磺酸

用于油气层酸化的固体酸是由氨基磺酸、表面活性剂、缓蚀剂、铁稳定剂、分散剂等组成。它具有反应速度慢,作用距离远,施工方便,解除铁质、钙质堵塞效果好,对管线腐蚀小等特点。氨基磺酸与铁质、钙质反应速度比盐酸慢,因此,可移除较深部油气层的堵塞。其反应方程式如下:

$$FeS + 2H_2NSO_3H \longrightarrow (NSO_3H)_2Fe + H_2S \uparrow$$
$$Fe_2O_3 + 6H_2NSO_3H \longrightarrow 2(NSO_3H)_3Fe + 3H_2O$$
$$CaCO_3 + 2H_2NSO_3H \longrightarrow (NSO_3H)_2Ca + H_2O + CO_2 \uparrow$$

对于既存在铁质、钙质堵塞,又存在硅质矿物质堵塞的注水井,采用固体酸与氟化氢铵二者交替注入的办法,能解除油气层较深部的堵塞。其作用机理是氨基磺酸既可解除钙质、铁质堵塞,还可防止氢氟酸与钙质矿物质反应生成氟化钙沉淀。氟化氢铵在酸性介质条件下生成氢氟酸可溶解硅质矿物质。

固体酸对注水井增注虽不像土酸增注那样,注水量成倍增加,但它不破坏油气层结构,且可实现深度酸化,并起到稳注的效果。

应注意以氨基磺酸为主的固体酸水溶液,在较高温度下(大于60 ℃)开始发生水解,产生硫酸氢铵,进一步水解产生硫酸,生成硫酸钙沉淀,故不适宜于井底温度高于60 ℃以上的油气层或长期停注的注水井。

(4)多组分酸

所谓多组分酸就是一种或几种低分子羧酸与盐酸的混合物。酸-岩反应速度取决于氢离子浓度,因此,当盐酸中混合离解常数小的低分子羧酸时,溶液中氢离子浓度主要由盐酸的氢离子数决定,根据同离子效应,可极大地降低低分子羧酸的电离程度,故在盐酸消耗完前,低分子羧酸几乎不离解,当盐酸消耗完后,低分子羧酸才离解。因此,盐酸在井壁附近起溶蚀作用,低分子羧酸在油气层较远处起溶蚀作用。混合酸的反应时间近似等于盐酸和低分子羧酸反应时间之和,故可得到较长的有效作用距离。

5)化学缓速酸

早期的化学缓速酸就是添加表面活性剂的酸液,即活性酸。近年来,此类酸液有了新的发展。目前国内外普遍使用氯化铝缓速土酸。

(1)活性酸

活性酸是溶有表面活性剂的酸。酸液中表面活性剂可吸附在岩石表面,通过控制酸与岩石表面的反应达到缓速的目的。活性酸的缓速过程与酸化过程是合拍的,即刚与油气层岩石接触时,酸浓度大,表面活性剂浓度也大,因而能有效地缓速;随着酸向油气层深处推移,酸浓度减少,表面活性剂浓度也因吸附而减少,酸仍能有效地溶蚀油气层岩石。凡能与酸配伍并易吸附在岩石表面上的表面活性剂,均可用于配制活性酸。

在阴离子表面活性剂中主要使用的是磺酸盐型表面活性剂(如烷基磺酸钠、烷基苯磺酸钠),它耐高温、耐钙镁离子,但不适合浓度大于20%的盐酸。

在阳离子表面活性剂中主要使用的是胺型和季胺型表面活性剂。由于油气层岩石表面常常带负电荷,这类表面活性剂容易以它的阳离子极性基因吸附在岩石表面,使岩石表面变成油润湿,从而有效地影响酸与岩石表面的反应。

在非离子表面活性剂中主要使用的是聚氧乙烯表面活性剂。这类表面活性剂有浊点,在酸性条件下发生浊点降低,会影响使用。活性酸中表面活性剂的浓度为 0.1% ~ 1%。活性酸的缓速效果受它的机理限制,表面活性剂在岩石表面虽然有时可形成多分子层吸附膜,但很难有效地控制离子半径且对岩石表面由特殊作用力的氢离子的攻击。与其他缓速酸相比,活性酸不是一种很好的缓速酸。

(2)氯化铝缓速土酸

氯化铝缓速土酸简称 AlHF,是将氯化铝加入土酸中形成的氟铝络合物,通过控制氢氟酸的量,从而达到实现缓速酸化的目的。常用的 AlHF 体系是由 15% HCl + 5% AlCl₃ · 6H₂O 组成,酸液中可形成 $AlF_n^{(3-n)}$ ($n \leqslant 6$)。此酸液进入地层后,与泥质胶结物反应,其中的氢氟酸逐渐消耗,但酸液中的 $AlF_n^{(3-n)}$ 络合离子可逐级离解出氟离子形成氢氟酸补充。络合离子离解速度随氟离子消耗而逐渐减慢,酸液与泥质的反应速度也逐渐减慢,因此,酸化能达到较深部位。理论上,氟离子与铝离子的浓度比值超过 6 时,超过部分的氟离子不会形成络合离子,不存在缓速作用;当氟离子与铝离子的浓度比值小于 1 时,氟离子难以脱离络合离子。因此,氟离子与铝离子的浓度比应在 1 ~ 6,通常比例为 4:1。

AlHF 适用于泥质胶结的砂岩油气层,可处理受钻井液污染的油气层和有泥质堵塞的疏松易出砂油气层,以及常规土酸不能解除的泥质污染油气层。

6)潜在酸

潜在酸是指在油气层条件下能生成酸的物质。有各种潜在酸,有些可生成盐酸,有些可生成氢氟酸,有些可生成低分子有机酸。

(1)低分子酸的潜在酸

酯类、酸酐都可在一定的温度下发生水解反应,生成有机酸。不同的酯的水解温度不同,可选择适当的酯用于一定温度的油气层。如甲酸甲酯可用于 54 ~ 82 ℃ 的油气层,乙酸甲酯可用于 88 ~ 138 ℃ 的油气层。

酰卤,如乙酰氯(CH_3COCl),也会由水解反应产生有机酸,同时会生成无机酸。

(2)卤代烃

卤代烃是一种主要的潜在酸,是卤素原子替代烃类中的一个或几个氢原子形成的。在水解后,可形成无机酸,例如,四氯甲烷可水解形成盐酸,四氟甲烷可生成氢氟酸,也可有两者的混合物。

卤代烷烃的水解温度一般为 121 ~ 371 ℃,为降低其水解温度,可将卤代烃与异丙醇的混合物注入油气层。

(3)卤盐

卤盐是另一种主要的潜在酸,例如,氯盐可生成盐酸,氟盐可生成氢氟酸。由卤盐生成相应的酸需要引发剂。例如,氯化铵生成盐酸可用醛作引发剂,氟化铵生成氢氟酸可用酸作为引发剂,反应如下:

$$NH_4Cl + 6CH_2O \longrightarrow N_4(CH_2)_6 + 4HCl + H_2O$$
$$NH_4F + HCl \longrightarrow NH_4Cl + HF$$

7)泡沫酸

泡沫酸是由酸、气体(氮气或二氧化碳)和起泡剂配制而成的,能延缓酸与岩石反应的泡沫。它具有黏度高、滤失小、管内流动摩阻低、缓蚀作用强。酸化距离远、对地层伤害小、酸化后易返排、携带酸不溶物能力强等优点。其对于老油气井的挖潜改造,尤其对于低压低渗和排液困难的油气层,是一种有效的增产措施。

8)稠化酸

稠化酸(又称胶化酸或胶凝酸)是用稠化剂提高了黏度的酸。酸液黏度的提高,减小了氢离子向岩石表面扩散的速度,从而控制酸与酸溶性成分的反应速度,增加穿透深度,提高酸化作用效果。此外,高黏度的稠化酸与低黏度酸溶液相比,还具有能压成宽裂缝、滤失量小、摩阻低、悬浮固体微粒能力强等特点。为使得残酸易于排出,稠化酸中需加入延迟降黏剂或破胶剂,包括不交联的稠化酸中加入延迟降黏剂,如 PAM 稠化的酸中可用联胺或羟胺降黏;在交联的稠化酸中加入延迟破胶剂,如交联 PAM 或聚糖稠化的酸可用双氧水等过氧化物破胶。

9)乳化酸或微乳酸

乳化酸是由酸、油和乳化剂配制而成,能延缓酸与油气层岩石反应速度的油包酸乳化液。它进入油气层后一段时间内保持稳定,在稳定状态下油将酸液与岩石表面隔开,只在乳状液破乳后才酸化油气层岩石。引起乳化液破乳的原因是乳化剂在岩石表面的吸附和油层温度的升高。乳化用酸主要是盐酸、氢氟酸或其混合物。油相可用原油或其馏分油(最好是煤油)。酸化油气层温度应为 66 ~ 121 ℃,不同温度的油气层,应采用不同的乳化剂。

微乳酸(胶束酸)是由酸、油、醇和表面活性剂配制而成,能延缓酸与油气层岩石反应速度的微乳液。根据胶束理论,由于胶束的增溶作用,将与酸不混溶、又是酸化所需的药剂,与之混溶,并与地层流体形成良好的配伍性。同时,其流变性具有非牛顿流通特性,在近井地带剪切速率大、黏度高,与岩石反应速度小;离开近井地带后,黏度下降,与岩石反应速度增大,改善酸液性能,提高深部酸化效果。

6.1.3　酸液添加剂

为改善酸液性能,防止酸液产生有害作用而加入的化学物质统称为酸液添加剂,包括缓蚀剂、缓速剂、铁稳定剂、表面活性剂、黏土稳定剂、稠化剂、减阻剂等。

1)缓蚀剂

酸化处理时,由于酸与储罐、压裂设备、井下管道、井下套管接触,特别是深井井底温度高,而所用盐酸黏度高,会使得这些金属设备发生严重腐蚀,损坏设备,造成事故,同时酸腐蚀金属的产物——亚铁离子及铁离子,进入油气层会形成氢氧化亚铁和氢氧化铁凝胶状沉淀,造成油气层堵塞,降低酸化效果。

使用缓蚀剂防止腐蚀是常用的方法,所谓缓蚀剂是指能抑制酸对金属腐蚀的化学试剂。目前,国内外缓蚀剂种类很多,且已形成系列。按作用机理分为吸附膜型缓蚀剂和"中间相"型缓蚀剂两类。

(1)吸附膜型缓蚀剂

吸附膜型缓蚀剂含有氮、氧或硫元素,这些元素最外层均有未成键的电子对,可与金属原子的空轨道形成配位键,从而吸附在金属表面,抑制金属的腐蚀,如烷基胺 $R-NH_2$、吡啶类等。

(2)"中间相"型缓蚀剂

"中间相"型缓蚀剂是利用铁作为催化剂,与氢离子反应,在金属表面形成所谓的"中间相",抑制金属的腐蚀。如辛炔醇,在铁的催化作用下,与氢离子反应生成烯醇,烯醇通过分子内失水生成共轭烯烃,聚合形成具有缓蚀作用的"中间相"。

2)铁稳定剂

前文已讨论过铁离子的危害,为了防止铁离子造成对油气层的伤害,特别加入能使得铁离子稳定在乏酸中的化学试剂称为铁稳定剂。由于酸化用工业盐酸中就含有三价铁离子,同时,酸化过程对于设备、管线、井下管柱的腐蚀也会产生铁离子,且地层矿物质中含有的铁矿石(绿泥石、黄铁矿、赤铁矿等)被酸溶解后同样会生成铁离子,因此,酸化过程中极易产生,只有通过铁稳定剂的络合、螯合、还原和 pH 值控制等方法,才能防止铁离子的二次沉淀。

常见的铁稳定剂分为络合剂或螯合剂和还原剂两类。

（1）络合剂或螯合剂

络合剂或螯合剂的铁稳定剂可与三价铁离子络合或螯合,使之在乏酸中不发生水解,防止氢氧化铁的产生。例如,络合剂乙酸和螯合剂乙二胺四乙酸钠盐都可起到这种作用。

（2）还原剂

还原剂将三价铁离子还原为二价铁离子,也可在乏酸的 pH 值下达到稳定铁离子的目的。常用的还原剂有甲醛、硫脲、联氨等。

3)表面活性剂

酸液中加入表面活性剂主要起以下作用:

（1）助排

酸液中加入表面活性剂,可降低酸液和原油间的界面张力,从而降低毛管阻力,既可使得酸液易于进入油气层,降低注入压力,又有利于残余酸的返排。常用的助排剂是聚氧乙烯醚和含氟表面活性剂。

（2）缓速

在酸液中加入表面活性剂后,由于其在岩石表面的吸附,使得原本亲水的岩石表面润湿性反转为亲油性,阻碍氢离子向岩石表面的传递,降低酸-岩反应速度。常用的缓速剂有烷基磺酸盐、烷基苯磺酸盐、烷基磷酸盐等。但应注意的是,岩石吸附大量的表面活性剂,使得岩石表面润湿性反转为亲油性后,会影响后续油相的流动及最终采收率,对油田开发不利。

（3）分散及悬浮固相颗粒

由于岩石由多种矿物质组成,酸无法溶解所有岩石固相,酸化后,酸液无法溶解的黏土、淤泥等杂质颗粒从原来位置脱离,可能运移或絮凝,堵塞油气层孔隙,故应使得杂质颗粒保持分散并随残余酸返排出地层。常用的悬浮剂是阴离子表面活性剂,如烷基磺酸盐等。

（4）防乳化及破乳

酸化施工时,发生设计情况以外的乳化时,会导致酸液黏度高于设计值,流动性下降,使得酸液在井筒附近乳堵或难以返排。常用的防乳化与破乳剂有阴离子型和非离子型表面活性剂。

（5）消泡

由于酸液中常常加入表面活性剂,使其易于产生泡沫,造成酸液溢出,不但会腐蚀设备,还会使得配液量不足,影响酸化效果。常用的消泡剂有异戊醇、烷基硅油、甘油聚醚、环氧乙烷与环氧丙烷的共聚物等。

（6）乳化

为达到缓速目的，人为的使得酸液乳化或微乳化，需要加入如烷基酰胺、烷基磺酸氨、Span-80等表面活性剂，微乳液中一般含有季铵盐类表面活性剂。

（7）起泡

国外常用泡沫酸作为缓速酸，常用耐酸的非离子表面活性剂和阳离子表面活性剂，如脂肪醇聚氧乙烯、乙氧基化脂肪胺等。

4）稠化剂

酸液中加入稠化剂，使得酸液黏度增加，可达到缓速、降摩阻、降滤失等一系列减轻油气层伤害的目的。与常规酸化相比，稠化酸可在一定时间内保持组成均匀稳定，可充分和油气层中酸溶物反应，增加裂缝宽度，提高低渗油气层渗透性，可应用于酸化压裂。稠化酸的关键是稠化剂，常用的酸化稠化剂类同于水基冻胶压裂液稠化剂，如瓜尔胶及其衍生物、纤维素及其衍生物、聚丙烯酰胺类聚合物等。

5）其他添加剂

（1）黏土稳定剂

酸化过程中特别是土酸酸化，黏土稳定剂主要是季铵盐型阳离子聚合物，原因是无机盐黏土稳定剂（如氯化钾、氯化钙等）易与酸反应生成沉淀，如氟化钙、氟硅酸钙等。

（2）互溶剂

醇、酮、醛类及其他很多化学物质都有油水发生互溶的作用，在油田酸化作业中，互溶剂不但可用使得油水互溶，还可通过将油相溶于水相，清除岩石表面的亲油物质，增加油相相对渗透率，消除或减少酸渣等作用。

（3）暂堵剂

通过暂时堵塞油气层孔隙，使得酸化分层或选择性酸化，以达到酸化低渗地层的目的。国外常用的有膨胀性聚合物（聚乙烯、聚甲醛、PAM、瓜尔胶等）、膨胀性树脂等，同时可起到降滤失的作用。

（4）减阻剂

直链型聚合物可起到增黏、减阻的作用。

6.2　压裂及压裂液添加剂

6.2.1　压裂作业

水力压裂的过程是：在地面常用高压大排量泵，利用液体传压的原理，将具有一定黏度的液体（即压裂液），以大于地层吸收能力的压力向油层注入，使井筒内压力逐渐增高，当压力大于岩石破裂压力时，油层形成对称于井眼的裂缝。裂缝形成后，随着液体的不断注入，使得裂缝延伸、扩展。此时如果停止注入液体，裂缝会重新闭合，故为了防止这一情况的发生，保持裂缝的导流能力，注入的压裂液需携带一定粒径的固体支撑物（如陶粒），以达到改善井筒附加油层液体流动通道，增大排液面积，降低流动阻力，使油井增产。

影响压裂的主要因素是压裂液及其性能。对于大型压裂作业而言，压裂液的类型及性能

111

与能否形成足够尺寸、有足够导流能力的裂缝密切相关。

6.2.2　压裂液的组成、性能及种类

1)压裂液的组成

压裂液是一个总称,在压裂过程中,注入的压裂液在不同的施工阶段各有任务,故可分为:

(1)前置液

前置液的作用是破裂地层并造成一定几何尺寸的裂缝,以便后续的携砂液进入。在温度较高的地层中,它还起到一定的降温作用。有时,为了提高作业效率,在一部分的前置液中加入细砂或粉陶(粒径为100~320目,砂比10%左右)或5%柴油以堵塞地层中的裂隙,减少液体的滤失。

(2)携砂液

携砂液的作用是将支撑剂(一般是陶粒或石英砂)带入裂缝中并将砂子滞留在预定位置。在压裂液的总量中,携砂液的比例很大。携砂液和其他压裂液一样具有造缝及冷却地层的作用。

(3)顶替液

中间顶替液用来将携砂液送至预定位置,注完携砂液后要用顶替液将井筒中全部的携砂液替换入裂缝中。

2)压裂液的性能

根据压裂的不同阶段对压裂液性能的要求,压裂液在一次施工中可能使用一种以上的液相,其中还有不同的添加剂。对于占总液量绝大多数的前置液和携砂液,都应具备一定的造缝能力并使得压裂后的裂缝壁面及填砂裂缝有足够的导流能力,为此应具备以下性能:

(1)滤失少

这是形成长缝、宽缝的重要性能。压裂液的滤失性主要取决于其黏度与造壁性,黏度高则滤失少。在压裂液中添加降滤失剂,改善造壁性能将大大减少滤失量。在压裂施工时,要求前置液、携砂液的综合滤失系数小于1×10^{-3} m/min$^{1/2}$,这是形成长而宽的裂缝的重要性能。

(2)悬砂能力强

压裂液的悬砂能力主要取决于其黏度。压裂液只要具有较高的黏度,砂子即可悬浮于其中,这对于砂子在裂缝中的分布非常有利。但黏度不能过高,否则不利于形成长而宽的裂缝,一般而言,压裂液的黏度为50~150 mPa·s较合适。

(3)摩阻低

压裂液在管道中的摩阻越小,则在设备动力一定的条件下,用来造缝的有效动力就越多。摩阻高还会提高井口压力,降低排量甚至限制施工。

(4)稳定性

压裂液应聚并热稳定性,不能由于温度的升高而使黏度有较大的降低。压裂液还应具有抗机械剪切的稳定性,不因流速的增加而发生大幅度地降解。

(5)配伍性

压裂液加入地层后与各种岩石矿物质及流通接触,不应发生不利于油气渗流的物理-化学反应,如不应引发黏土膨胀或发生沉淀而堵塞油气层。这种配伍性的要求,关系到最终压裂的效果。

（6）低残渣

尽量降低压裂液中水不溶物（残渣）的数量，以免降低岩石及填砂裂缝的渗透率。

（7）易返排

裂缝形成后，压裂液返排越快、越彻底，对油气层伤害越小。

（8）来源广、易配制、成本低

随着大型压裂作业的发展，压裂液的用量很大，是压裂施工中耗费的主要部分。近年发展的速溶连续配制作业，简化了施工，减少了对储液罐及场地的要求。

3）压裂液的类型

目前国内外使用的压裂液种类较多，主要有油基压裂液、水基压裂液、酸基压裂液、乳化压裂液和泡沫压裂液等。其中水基压裂液和油基压裂液应用较广。

（1）水基压裂液

通过向水中加入稠化剂、交联剂及相应添加剂配制而成。近年来，发展的水基冻胶压裂液具有黏度高、悬砂能力强、滤失小、摩阻低等优点。水基冻胶压裂液按所用稠化剂的不同分为 3 个系列，即植物胶及其衍生物压裂液、纤维素衍生物压裂液、合成聚合物压裂液。

①植物胶及其衍生物压裂液，其稠化剂主要是瓜尔胶、香豆胶、田菁胶、魔芋胶。优点在于黏度高、易配制、成本较低，但耐温性不强，破胶后残渣较多。

②纤维素衍生物压裂液，其稠化剂主要是 CMC 冻胶、HECMC（羟乙基羧甲基纤维素）冻胶。优点与植物胶压裂液类似，且耐温性同样不佳。

③合成聚合物压裂液，稠化剂种类较多，如 PAM、HPAM 等，现场应用较多的是部分水解羟甲基甲叉基聚丙烯酰胺水基冻胶压裂液，其可用克服植物胶及纤维素耐温性不强的缺点，但抗剪切能力弱于前两者。

（2）油基压裂液

通过向原油或成品油（汽、柴、煤油）中加入适当的胶凝剂、活化剂、破胶剂等配制而成。相对于水基压裂液，其具有抗温抗剪切性能好、携砂能力强、摩阻低、滤失小等对油气层伤害小的特点，缺点是易燃、不安全。在我国吐哈油气田水敏性油气层应用取得良好的效果。

（3）乳化压裂液

乳化压裂液是指水包油型乳化液，它综合了水基压裂液和油基压裂液的优点。由于水基冻胶为外相，故其摩阻低、黏度高、热稳定性好、携砂能力强、滤失量低、压裂效率高。并且由于乳化压裂液含水量较少，在黏土稳定剂的作用下，可更好的控制黏土膨胀。

（4）泡沫压裂液

在气层压裂时，液相压裂液易在地层中滞留，难以彻底返排，滞留的液相会对气相渗流产生极大的阻力，降低气体渗透率，特别是低压气层更是如此。而泡沫压裂液可以解决这类问题，适用于中、低渗透性的含气砂岩、灰岩和水敏性油气层。

泡沫压裂液是液体、气体及表面活性剂的混合物。液相可以是前面介绍过的水、油、冻胶、酸液等。气相一般采用氮气、二氧化碳、空气或天然气等，但以氮气为主。起泡剂一般采用非离子表面活性剂，如烷基苯酚聚乙二醇醚等。泡沫直径小于 0.25 mm，泡沫质量一般为60% ～ 85%。泡沫压裂液的优点在于：

①黏度高，携砂能力强，滤失量低；

②泡沫压裂液含液量低,减少了对油气层微细裂缝的水堵问题;

③易于返排,泡沫破裂后气体驱替液相排出井底,排液彻底;

④泡沫压裂液的摩阻是清水的 40% ~66%,有利于形成穿透压裂。

(5)其他类型的压裂液

①酸基压裂液,包括稠化酸、胶化酸、乳化酸等,适用于碳酸盐岩油气层或灰质含量较多的砂岩油气层的酸化压裂。

②液化气压裂液,用液化石油气(丙烷、丁烷、戊烷等)和二氧化碳混合,保持一定的临界温度和压力,使其液化,为保证其黏度以携砂还需加入一定量的凝胶。压裂作业后,温度升高、压力下降,液相汽化、排出,理论上没有滞留,故可用于渗透率不到 1 mD 的致密低渗油气藏。主要缺点是成本较高,施工条件苛刻。

③醇基压裂液,以醇为溶剂或分散介质,应用较少,其成本较高,且醇不易稠化。

6.2.3 压裂液添加剂

为实现压裂液的作业目的,使压裂液具备相关性质,需要加入各类添加剂,如防乳化剂、黏土稳定剂、助排剂、润湿反转剂、减阻剂、降滤失剂等,前 4 种与酸化使用相同,这里主要介绍后 3 种添加剂。

1)支撑剂

由压裂液携带进入裂缝,在压力释放后用以支撑裂缝的物质称为支撑剂。性能要求是密度低、强度高、化学稳定性好、便宜易得等。

支撑剂的粒径一般为 0.4 ~1.2 mm。天然的支撑剂有石英砂、铝矾土、氧化铝、锆石和核桃壳等,高强度支撑剂烧结铝矾土(烧结陶粒)、铝合金球和塑料球等,为了提高支撑剂的化学稳定性可用树脂或有机硅覆盖在支撑剂颗粒表面。

2)破胶剂

压裂液破胶剂是指在一定时间内将压裂液黏度降低到足够低的化学试剂。常见的水基冻胶压裂液的破胶剂有以下几种类型:

①过氧化物,如过硫酸钠 $Na_2S_2O_8$、过氧异丁醇等,通过氧化聚合物,使得长链有机物降解而使得压裂液降黏。

②酶,如淀粉酶、纤维酶等,对于生物聚合物有降解效果,通过催化水解过程,破坏冻胶结构。酶的使用温度应低于 65 ℃、pH 值为 3.5 ~8.0。

③潜在酸,通过改变液相 pH 值使得冻胶的交联结构被破坏。

④潜在螯合剂,如草酸二甲酯、丙二酸二甲酯、丙二酰胺,可在合适的温度水解产生草酸或丙二酸,螯合冻胶中的交联剂——金属离子(如铝离子),使得冻胶结构破坏,降低黏度。

3)减阻剂

压裂液减阻剂是指在紊流状态下,减小压裂液流动阻力的化学剂。

压裂液减阻剂一般是线型(有一定支链结构的)聚合物高分子,通过储存紊流时液体旋涡的能量而减小压裂液的流动阻力。

6.3　开发页岩气、煤层气用压裂液

页岩气、煤层气是一种潜在资源量巨大的非常规天然气资源,在我国分布较广,近年来,严峻的能源形势使得页岩气、煤层气的开发在世界范围内受到重视。

6.3.1　页岩气、煤层气成藏机理

1)页岩气成藏机理

页岩气是一种特殊的非常规天然气,贮存于泥岩或页岩中,具有自生自储、无气水界面、大面积连续成藏、低孔低渗等特点,一般无自然产能或低产,需要大型水力压裂和水平井技术才能进行经济开采,单井生产周期长。

页岩气储层低渗致密(孔喉为 3 ~ 12 Å),纳米级孔隙发育,具有以下特点:

①储气模式以游离气和吸附气为主。由于页岩气储层比表面积较常规砂岩储层大很多,其吸附气量远大于砂岩储层,故需要大规模压裂,增大改造体积。

②储层岩性及矿物组成复杂,脆性强,压裂时易实现脆性压裂形成网状裂缝。

③储层对于液相污染及毛细管力敏感,易发生液相堵塞。

④高采气流速会导致地层出砂,不稳定。

2)煤层气成藏机理

煤层气与常规石油天然气不同,主要以吸附状态保存于煤的基质孔隙表面,只有少量呈游离态存在于煤岩割理(即由煤化作用过程中煤物质结构、构造等的变化而产生的裂隙)和其他裂隙中,因此不需要圈闭存在。煤层气的聚集主要有较好的盖层条件,能维持相当的地层压力,无论在储层的构造高位还是低部位,都可形成气藏。因此,煤层气主要通过吸附作用使得天然气聚集,是典型的吸附成藏机理。

煤层气的产出必须经过"解吸—扩散—渗流"过程,其规模和渗流速率与储层孔隙压力降低值成正比。只有当压力降至煤层的临界解吸压力以下时才形成解吸。因此,煤层气的开发一般需要抽排煤层中的承压水,降低煤层压力,使吸附的甲烷释放。煤层气藏的渗透率普遍较低,一般为 0.3 ~ 0.5 mD,且兼具低孔低渗的特点,若不进行增产措施,大多数井无工业开采价值。

6.3.2　开发煤层气用压裂液

常见的压裂液有线性胶压裂液、冻胶压裂液、泡沫压裂液、清水压裂液、黏弹性表面活性剂压裂液、清洁压裂液等。

(1)线性胶压裂液(植物胶)

线性胶压裂液主要由胍胶、活性剂、破胶剂和杀菌剂组成,其优点是:线性胶不能完全悬浮,随着裂缝中剪切速率的降低,支撑剂逐渐沉淀,有助于降低施工摩阻,控制液相滤失;流变性好、易破胶、配制简便,对储层伤害低;黏度高,携砂性强。其缺点是:压裂液密度较高、返排较困难。

（2）冻胶压裂液

冻胶压裂液主要有交联冻胶压裂液和锆冻胶压裂液，其优点是：黏度高、滤失低、摩阻小、对储层伤害低；造缝效率高，携砂能力强；在高渗透条件下，与稀井网配合，可得到较理想的压裂效果。其缺点是：彻底破胶较困难，携带的固相易滞留在孔隙中。

（3）泡沫压裂液

泡沫压裂液主要由二氧化碳或氮气制得。氮气可与一切基液配伍，可用于低压、低渗井。二氧化碳只能与水、甲醇、乙醇配伍，可用于常压中深井及高温井。其优点是：进入地层的液相较少；泡沫本身具有一定的能量，利于返排；滤失量较低，携砂能力较强、摩阻低。适用于低压、低渗、浅层等需要增能的储层。

（4）清水压裂液

清水压裂液含有少量活性剂及聚合物，其优点是：配制简便、配伍性好，成本低。其缺点是：携砂能力差，裂缝导流能力低，施工摩阻高，返排困难。

（5）黏弹性表面活性剂压裂液

黏弹性表面活性剂压裂液利用表面活性剂形成胶束所具有的黏弹性及表面活性剂的活性，达到降低压裂后聚合物的残留，形成高导流能力的裂缝，同时破胶后黏度极低，易于返排。

（6）清洁压裂液

清洁压裂液由长链表面活性剂、胶束促进剂及无机盐组成，其优点是：无须破胶剂即可自动破胶；易于返排，无残渣；携砂能力强，可抑制黏土膨胀、摩阻低。其缺点是：滤失量大，成本高，耐高温能力不强。

6.3.3 开发页岩气用压裂液

目前主要应用的有减阻水压裂液体系、复合压裂液体系、线性胶压裂液体系、泡沫压裂液体系等。

（1）减阻水压裂液

减阻水压裂液又称清水或滑溜水，不添加稠化剂，故其黏度较低，利于形成复杂相态的裂缝，但携砂能力不足。适用于无水敏、储层天然裂缝较发育、脆性较高的地层。其主要特点是：易于形成剪切缝和网状缝，对地层伤害小，成本低。

（2）复合压裂液

复合压裂液主要针对黏土含量高、塑性较强的页岩储层，施工时前置减阻水与冻胶交替注入，支撑剂先为小粒度，后为中等粒度，通过低黏度活性水携砂在冻胶液中发生黏滞指进现象，减缓支撑剂沉降，确保裂缝导流能力。

（3）线性胶压裂液

线性胶压裂液由水溶性聚合物与添加剂配制，不含交联剂，稠化剂较一般交联压裂液低，主要用于页岩气压裂封口。其特点是：耐剪切，易于流动，摩阻低，易于返排。适用于物性稍差的低水气藏、特低渗地层的压裂改造。

（4）泡沫压裂液

泡沫压裂液是液体、气体及表面活性剂的混合物。液相可以是前面介绍过的水、油、冻胶、酸液等。气相一般采用氮气、二氧化碳、空气或天然气等，但以氮气为主。起泡剂一般采用非离子表面活性剂，如烷基苯酚聚乙二醇醚等。泡沫直径小于 0.25 mm，泡沫质量一般为60% ~

85%。适用于低压、低渗、水敏性强的浅油气层,当油气层渗透率较高时,泡沫滤失量很快增加,故不适于高渗油气层。另外,高温油气层也不适于泡沫压裂。一般适用于 2 000 m 左右的中深井压裂。

除此之外,还有疏水缔合聚合物压裂液、液态二氧化碳压裂液、LGP 无水压裂液体系等,是近年来提出并研究较多的压裂液体系。

习 题

6.1　名词解释:基质酸化、压裂酸化、常规酸化、缓速酸酸化。
6.2　酸液中表面活性剂的作用有哪些?
6.3　压裂作业的目的是什么,对压裂液的性能有何要求?
6.4　破胶剂的破胶机理是什么?
6.5　页岩气和煤层气压裂相对于常规压裂应特别注意什么?

第 **7** 章
油气井的化学改造

7.1　化学堵水调剖

油气井出水是油气田开发过程中常见的问题,特别是采用注水开发多层合采的油田,更是如此。随着开发的进行,地层水(边水、底水)或注入水的不断推进,由于地层非均质性、油水流度比及开发方案或施工不当等原因,导致油井含水快速上升,过早水淹,降低了原油采收率。较为成熟的解决方法就是,生产井堵水和注水井调剖技术。

生产井堵水是通过化学试剂经油井注入,降低近井地带水相渗透率,减少油井出水。

注水井的调剖是指通过向注水井注入化学试剂,达到降低高吸水层的吸水量,调整注水剖面,提高波及系数。

7.1.1　概述

1)出水原因

油气井出水按水的来源可分为注入水、边水、底水及上、下层水和夹层水。注入水、边水、底水在油藏中与油在同一层,可统称为同层水。上、下层水和夹层水是在油层的上部、下部或夹层,窜入油层,统称外来水。

(1)注入水及边水

由于油层的非均质性、油水流度比的不同及开采方式不当,使注入水及边水沿高渗透层不均匀推进,在纵向上形成单边突进,在横向上形成舌进,造成油气井过早水淹。

(2)底水

当油藏有底水时,由于油气开采过程中产生的压力差,破坏了原本的油水平衡,使得油水界面在靠近井底时呈锥形升高,造成水淹。

(3)外来水

由于固井质量不高或套管损坏、误射水层等原因,使得油层以外的水进入油井。

2)产水的危害

(1)降低油气产量

油气井过早见水,使得波及系数降低。出水后,井内静水压头增大,影响低压气层产气量。

增大了井底附近的含水饱和度,降低油气相相对渗透率引起水堵。油气井出水后,使得非胶结性储层结构破坏,造成油井出沙,或堵塞地层。产出水结垢堵塞孔道,油水乳化造成乳堵,同时产出水加剧井下设备的腐蚀,造成油井事故。

(2)增加地面作业费用

油气井产水后,增大了产出液的密度和体积,井底油压增大,使得自喷井停止自喷转为机械抽油,增大投资和能耗;产液量的增加,使得地面脱水费用和难度增加。

3)堵水作业

堵水作业确切地说,应该是控制水油比或控制产水。其实质是改变水在地层中的流度特性即渗流规律。堵水作业根据施工对象的不同,可分为油井堵水和水井调剖,其目的是补救油水井的固井状况和降低水淹层的渗透率,提高油层产油量。

在油井内采用的堵水方法可分为机械堵水和化学堵水。根据堵水剂对油层和水层的堵塞作用,化学堵水可分为选择性堵水和非选择性堵水;根据施工要求又可分为永久性堵水和暂时性堵水;根据地层特性还可分为碳酸盐岩堵水和砂岩堵水。

非选择性堵水是指堵剂在油井地层中能同时封堵油层和水层的化学堵水方法。由于没有选择性,在施工时必须先找出产水层段,并采用适当的工艺措施将油水层分开,然后将堵剂挤入水层,造成堵塞。

选择性堵水是指堵剂只与水起作用而不与油起作用,故只在水层造成堵塞而对于油层影响甚微。选择性堵剂作用机理主要是改变油、水、岩间的界面特性,降低水相渗透率,起堵水而不堵油的目的。需要注意的是,这种堵水不堵油是相对而言的,选择性堵剂能明显降低出水量而不严重影响出油量,而非绝对的堵水不堵油。

4)堵水的施工方式

(1)补注水泥法

补注水泥法有两种工艺,即水泥回堵和挤水泥。水泥回堵是指在套管内打入水泥塞隔绝注入水或采油井段(或部分井段),目的是封堵井筒通道使得液体无法从井筒下部产出或注入。挤水泥是在一定的压力下,向采油或注水的目的层段挤注水泥浆,利用水泥浆固化封堵炮眼、窜槽及水泥环中的裂缝,使套管和地层隔绝。

施工时应注意的是:必须确定出水或漏失井段;必须将作业目的井段与其他井段隔开;为防止补注水泥后发生水窜,必须有隔层。

补注水泥是常见的控制出水技术,但成功率不高,据统计其成功率通常在50%以下。

(2)单液法

单液法是将一种液体(含有封堵物)注入地层指定位置,经物理或化学作用,形成堵塞(凝胶、冻胶、沉淀或高黏流体)的方法。其优点在于药剂使用充分;缺点是产生封堵的时间短,只能作用于近井地带。

(3)双液法

双液法堵剂由两种相遇后生产封堵物质的工作液组成,分别称第一和第二反应液,两种工作液间用隔离液(一般为柴油),随着液体向地层深处推进,隔离段逐渐消失,两种工作液相遇、反应,产生封堵物质,如图7.1所示。

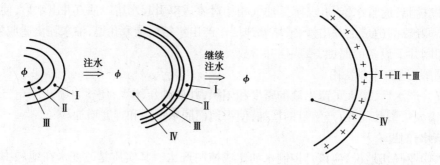

图 7.1　双液法调剂

Ⅰ、Ⅲ—第一和第二反应液；Ⅱ—隔离液

由于原本的高渗层吸水率高，故封堵发生在高渗层。为使得第二反应液可用渗入第一反应液，需将第一反应液稠化。其优点在于封堵距离可控；缺点在于药剂无法充分利用。双液法堵剂有沉淀型、冻胶型、凝胶型和胶体分散体系型 4 种。

7.1.2　油井堵水剂

1）油井非选择性堵水剂

（1）树脂型堵剂

树脂型堵剂是指由低分子物质通过缩聚反应生成的具有体型结构、不溶不熔的高分子物质。按其受热后性质的变化可分为热固型树脂和热塑型树脂。热固型树脂是指成型后加热不软化，不能反复使用的体型分子结构物质；热塑型树脂是指受热软化或变形，冷却后凝固，可反复使用的线型或支链结构的大分子。

非选择性堵剂常采用热固型树脂，如酚醛树脂、脲醛树脂、环氧树脂、糠醇树脂等；非选择性堵剂采用热塑型树脂有乙烯-醋酸乙烯酯共聚物。施工时将液相树脂挤入水层，在固化剂的作用下，形成具有一定强度的固态树脂，封堵孔隙，达到堵水的目的。

下面介绍几种常用的树脂型堵剂的使用条件：

①酚醛树脂，固化剂为草酸或 $SnCl_2 + HCl$，混合均匀后，加热到预定温度，至酚醛树脂完全溶解且为淡黄色，后挤入水层，固化后形成封堵，如图 7.2 所示。树脂与固化剂的混合比例、加热温度通过实验确定。

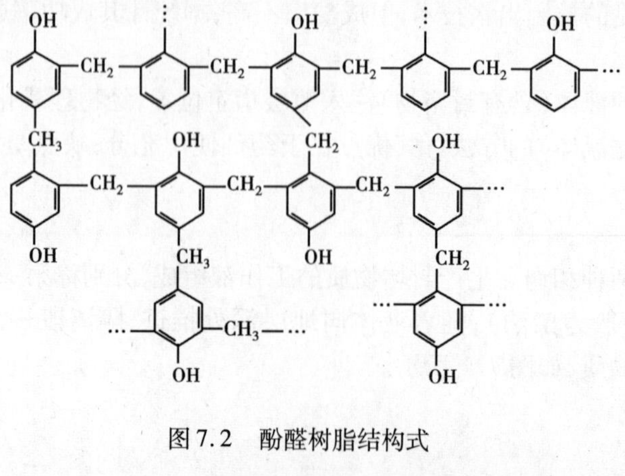

图 7.2　酚醛树脂结构式

②环氧树脂,通常情况下为液态,加入硬化剂(如乙二胺、多元酸酐)后,泵入地层,通过控制硬化剂和稀释剂(如乙二醇-丁基醚)的比例达到控制固化时间的目的,在目的层固化,形成封堵。

③糠醛树脂,糠醇本身不能自聚形成封堵,但遇酸后可聚合形成固体。糠醇堵水是通过将酸液(质量分数为 80% 的磷酸)注入目的地层,再注入糠醇溶液,中间加入柴油隔离,防止二者在井筒内接触。当酸与糠醇相遇后,反应且剧烈放热,形成坚硬的热固型树脂,封堵地层。

树脂型堵剂具有以下优点:可注入地层孔隙并形成具有足够强度的封堵,可封堵孔隙、裂缝、空洞、窜槽和炮眼;树脂固化后呈中性,不与井下流通反应,有效期长;经济效益显著,据统计,每吨树脂堵剂可增产原油 186 t。其缺点是:无选择性,使用范围限制在井底周围径向 30 cm 以内,树脂固化前对水、表面活性剂、酸和碱的污染敏感。

(2)沉淀型堵剂

沉淀型堵剂是双液法堵剂的一种,其特点是:封堵强度高;耐机械剪切,稳定性好;热稳定性高,可用于高温地层;化学稳定性好,不与井下物质反应;生物稳定性好。

常见的沉淀型双液法第一反应液最好选择硅酸盐,第二反应液选择顺序是钙离子、镁离子、铁离子和亚铁离子(按沉淀量和堆积体积排序)。第一反应液需稠化,一般选用 HPAM,其质量分数为 0.4% ~0.6%。

硅酸盐一般以水玻璃形式应用,水玻璃有一个很重要的参数是模数 M,它是指水玻璃中 SiO_2 与 Na_2O 的物质的量之比,由于沉淀主要由 SiO_2 组成,故模数越大,沉淀的量越大。模数 M 可用氢氧化钠调整,通常选用模数 $M = 2.8 \sim 3.0$。

现场施工时堵剂用量按下式计算:

$$Q = (R^2 - r^2)\pi\phi h$$

式中　Q——堵剂用量,m^3;

　　　R、r——封堵及井筒半径,m;

　　　ϕ——地层孔隙度;

　　　h——油层射开厚度,m。

注入堵剂的顺序是:水玻璃→隔离液→氯化钙→隔离液→水玻璃……交替注入,每段堵剂用量不超过 3 m^3,隔离液为 200 L。

(3)凝胶型堵剂

凝胶的定义是固态或半固态的胶体体系,是由胶体颗粒、高分子或表面活性剂分子相互连接形成的空间网状结构。凝胶结构空隙中充满了液体,液体被包裹在其中无法移动,体系没有流动性,介于固相与液相之间。

凝胶与冻胶的区别在于:首先,在化学结构上,凝胶是以化学键交联,冻胶则以次价键力缔合,在不破坏化学键的情况下,凝胶不会产生流动性,即具有不可逆性,而冻胶在温度升高、搅拌、振荡等作用下,结构被破坏,产生流动性,一旦外在条件恢复,可重新形成高黏结构,即具有可逆性。其次,凝胶含液量适中,冻胶含液量较高,通常大于 90%(体积分数)。

凝胶分为刚性凝胶(如硅酸凝胶等无机凝胶)和弹性凝胶(如线型大分子凝胶)。常见的凝胶堵剂有硅酸凝胶、氰凝堵剂、丙凝堵剂、盐水凝胶堵剂。

①硅酸凝胶。现场常用 Na_2SiO_3 制备硅酸凝胶,凝胶的强度可通过模数来控制,凝胶强度与模数成正比。硅酸凝胶又分酸性凝胶和碱性凝胶,前者是将硅酸钠加入酸中制得,成胶时间

短、凝胶强度大;后者是将酸加入硅酸钠溶液中制得,成胶时间长、凝胶强度小。酸能引发硅酸钠胶凝,故称活化剂,除酸外,活化剂还有二氧化碳、硫酸铵、甲醛、尿素等。

其堵水机理是:Na_2SiO_3 遇酸后,先形成单硅酸,后缩合成多硅酸,如图 7.3 所示。多硅酸是长链结构形成的空间网状结构,在其网状结构中充满了液体呈凝胶态,依靠这种凝胶物封堵油层出水部位。

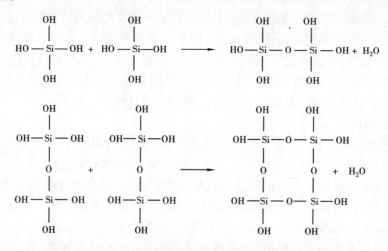

图 7.3 单硅酸缩合形成多硅酸网状结构

硅酸凝胶可用于砂岩地层,温度为 16 ~ 93 ℃。若地层为灰岩或地层温度较高,可采用其他活化剂。在孔隙度较大的地层中,由于固化物对流体阻力不大,可通过加入石英砂或硅粉增加凝胶强度,加入聚合物可增加黏度有助于悬浮固相,提高作用效果。

硅酸凝胶能处理半径为 1.5 ~ 3.0 m 的地层,能进入地层小孔隙,高温下稳定。缺点是硅酸钠反应后微溶于流动的水中,强度较低,需要加入固相增强强度或用水泥封口。此外硅酸钠易于多种离子反应,处理地层前需验证。

②氰凝堵剂。由主剂-聚氨酯、溶剂-丙酮和增塑剂-邻苯二甲酸二丁酯组成。当氰凝材料挤入地层后,聚氨酯分子两端所含异氰酸根与水反应,形成坚硬的固体,封堵地层。

现场配方(质量比)为聚氨酯:丙酮:邻苯二甲酸二丁酯 = 1:0.2:0.05。该堵剂作业时要求绝对无水,且需大量有机溶剂,故尚处于室内研究阶段。

③丙凝堵剂。是丙烯酰胺(AM)和 N,N-甲撑双丙烯酰胺(MBAM)的混合物,在过硫酸铵的引发和铁氰化钾的缓凝作用下,聚合生成不溶于水的凝胶封堵地层,可用于油井和水井。现场配方(质量比)为 AM:MBAM:过硫酸铵:铁氰化钾 = (1 ~ 2):(0.04 ~ 0.1):(0.016 ~ 0.08):(0.000 2 ~ 0.028)。凝胶时间受温度及过硫酸铵和铁氰化钾含量的影响。例如,温度为 60 ℃,过硫酸铵占 0.2%,铁氰化钾占 0.001% ~ 0.002% 时,胶凝时间为 90 ~ 109 min。

④盐水凝胶堵剂。由羟丙基纤维素(HPC)、十二烷基硫酸钠(SDC)及盐水组成,三者混合后形成凝胶,不需要加入金属离子作为活化剂,通过控制水的含盐度引发胶凝。HPC-SDC淡水溶液的黏度为 80 mPa·s,与盐水混合后黏度可达 7×10⁴ mPa·s,岩心驱替实验表明,该凝胶可是水相渗透率降低 95%。且含盐度下降后可自行破胶。

（4）冻胶型堵剂

冻胶型堵剂是由高分子溶液经交联剂作用而形成的具有网状结构的物质。可被交联的物质有：聚丙烯酰胺 PAM、部分水解的聚丙烯酰胺 HPAM、羧甲基纤维素 CMC、羟乙基纤维素 HPC、羟丙基纤维素 HPC、羧甲基半乳甘露糖 CMGM、羟乙基半乳甘露糖 HEGM、木质素磺酸钠等。交联剂多为高价金属离子形成的多核羟桥络合离子（如图 7.4 所示，锆的多核羟桥络离子交联 HPAM），此外，还有醛类或醛与其他低分子物质缩聚得到的低聚合度树脂。

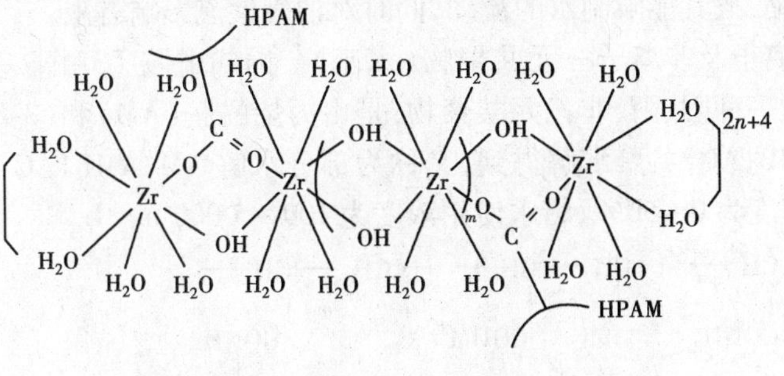

图 7.4　锆的多核羟桥络离子交联 HPAM

综合比较可知，在油气井非选择性堵剂中，按堵水强度以树脂最好，冻胶、沉淀型堵剂次之，凝胶最差。按成本，凝胶、沉淀型堵剂最低，冻胶次之，树脂最高。故不难得出：沉淀型堵剂是一种强度高、成本低的堵剂，且耐温、耐盐、耐剪切，是一种较理想的非选择性堵剂。这些非选择性堵剂中，凝胶、冻胶和沉淀型堵剂都是水基堵剂，优先进入水层，因此，在施工条件较好的油气选择性堵水中同样可以使用。

2）油井选择性堵水剂

选择性堵剂适用于不易用封隔器将油层与目的层隔开时的情况。选择性堵剂的种类较多，作用机理不同，但其根本是利用油和水、出油层和出水层的差异来产生选择性。按分散介质可分为水基堵剂、油基堵剂、醇基堵剂。

（1）水基堵剂

水基堵剂是选择性堵剂中应用最广、种类多的一类堵剂，包括各类水溶性聚合物、泡沫、水包油型乳状液及某些皂类。其中，最常用的是水溶性聚合物。

①水溶性聚合物。以 HPAM 为代表的水溶性聚合物是目前国外使用最广泛和最有效的堵水材料。HPAM 对于油和水有明显的选择性，注入地层后可限制井内出水（降低水的渗透率超过 90%），而不影响油气的产量（降低油气渗透率不超过 10%），处理时不需测出出水源或封隔层段（注水井除外），处理成本较低。HPAM 是一种线型（带一定支链结构）高分子，可通过交联剂，使其形成网状结构，增加黏度，便于处理高渗或裂缝型地层。其堵水机理如下：

a. 吸附理论（亲水膜理论）。进入地层的 HPAM 中的 —$CONH_2$ 和 —COO^- 可通过形成氢键，吸附于由于水冲刷而暴露出来的岩石表面上，形成一层亲水膜。HPAM 分子中未被吸附的部分在水中伸展，对水产生摩擦力，降低地层水的渗透性，而当油气进入亲水膜通道时，由于 HPAM 分子不亲油，分子卷曲，对油气的流动阻力影响有限。HPAM 进入油层，由于砂岩表面为油覆盖而不发生吸附，同时 HPAM 分子呈卷曲故对油层渗透率影响有限。实验表明，亲水膜的厚度是水的矿化度、酸碱度、聚合物类型、聚合物浓度和聚合物与基岩之间反应能力的函数。

b.动力捕集理论:HPAM 为直链型高分子,分子链具有柔顺性,松弛时呈螺旋状,在泵送通过孔隙介质时受剪切和拉伸力作用发生形变,沿流动方向拉伸。当径向泵入地层,且外力消失后,分子恢复呈螺旋状。当油气井投产后,在产油层聚合物分子线团由于处于不良溶剂中而收缩,而在产水层,聚合物分子舒展、桥堵于孔隙中,阻碍水的流动,起选择性堵水的作用。

c.物理堵塞理论:HPAM 分子链上存在大量活性基团,易于与地层盐水中常见的多价金属离子反应,生成相对分子质量可达 10^9 的交联产物,该产物呈网状结构。该交联产物在水中膨胀,而在油气中收缩,故其能限制水的流动,同时对油气渗流影响有限。

②阴离子、阳离子及非离子三元共聚物(水基)。丙烯酰胺-(3-酰胺基-3-甲基)丁基三甲基氯化铵共聚物是一种阴、阳、非三元共聚物,是由丙烯酰胺(AM)和(3-酰胺基-3-甲基)丁基三甲基氯化铵(AMBTAC)共聚水解得到,又称为部分水解 AM/AMBTAC 共聚物,相对分子质量大于 10 万,水解度为 0 ~ 50%,堵水使用浓度为 100 ~ 5 000 mg/L。

$$\underset{\underset{CONH_2}{|}}{\{CH_2-CH\}_m}\quad \underset{\underset{COOM}{|}}{\{CH_2-CH\}_n}\quad \{CH_2-CH\}_p$$

(部分水解AM/AMBTAC共聚物)

其分子结构中的阳离子结构单元可吸附在带负电的砂岩表面,产生牢固的化学吸附;其阴离子、非离子结构单元除一定数量吸附外,主要是伸展在水中增加水的流动阻力,它比 HPAM 有更好的封堵能力。

丙烯酰胺(AM)和二烯丙基二甲基氯化铵(DADMC)共聚、部分水解,可得到另一种用于油井选择性堵水的阴阳非三元共聚物。

③分散体系。分散主要包括泡沫、乳状液及黏土分散悬浮体等,其选择性主要在于其外相(连续相)所决定。

a.泡沫堵水。泡沫可根据起泡液的成分分为两相泡沫、三相泡沫和刚性泡沫,其稳定程度依次增大。前者含有起泡剂和稳泡剂,后两者还含有固相,如黏土等。三相泡沫稳定性较两相泡沫高,是因为固相颗粒能加固小气泡之间的界面膜。其堵水机理是:泡沫以水为外相,可优先进入水层,并在稳泡剂的作用下,在水中稳定存在;小气泡黏附在岩石孔隙表面上,阻碍水的流动;由于贾敏效应和岩石孔隙中泡沫的膨胀,水在岩石孔隙中的流动阻力大大增加;泡沫中的表面活性剂使得岩石表面润湿反转,由原本的亲水表面转化为亲油表面,降低水相渗透率;泡沫进入油层后,稳定性下降自行消泡(由于油水界面张力远大于水气界面张力,按界面能自发减小的规律,稳定泡沫的活性剂分子大量转移到油水界面,导致水气界面张力上升,稳定性下降),故进入油层的泡沫不堵塞孔隙。

b.水包稠油乳化液。该堵剂是使用 O/W 乳化剂将稠油乳化在水中形成 O/W 型乳化液,水为外相,易于进入水层。在水层中乳化剂吸附到岩石表面,乳状液稳定性下降自发破乳,油珠聚并为高黏稠油,产生极大地流动阻力,使得水层产水减少。根据其作用机理可知,水包稠油的乳化剂以阳离子表面活性剂为佳,原因是阳离子易于吸附在带负电的岩石表面。

c.黏土。在水中有较高的分散性,当黏土溶液注入含水油井中,由于高渗透率的水淹层吸水率较高,溶液优先进入该层,同时分散在岩石孔隙间,黏土遇水膨胀,堵塞水流通道;而在含油层中不发生膨胀,在油井重新投产后被排出地层,达到堵水不堵油的目的。

d. 镁粉。用烃液或聚合物水溶液与镁粉配制成的悬乳液堵水,堵剂与高矿化度地层水接触时形成氢氧化镁和氧化镁沉淀,而在油层中不发生上述反应,因而具有选择性。由于镁粉直径较大(1~3 mm),这种堵水材料只适用于裂缝较大的储层和大直径窜槽(≥3~10 mm)的封堵。

④皂类。皂类选择性堵剂都是通过与地层水中的钙离子、镁离子反应生成沉淀,故只能用于钙离子、镁离子浓度较高的出水层。主要有松香酸皂、环烷酸皂,此外还有山嵛酸钾,其钠盐不溶于水,也可作为选择性堵剂。

⑤其他水基选择性堵剂。

a. 胶束溶液。该溶液遇盐水变黏,其黏度在22 ℃时为50 mPa·s,若遇含盐量为20 mg/L的地层水,黏度可超过1 000 mPa·s。

b. 阳离子表面活性剂,吸附与砂岩表面,使得砂岩颗粒表面转化为亲油表面,当孔隙中有油相存在时,所产生的毛细管力对水的流度造成阻碍。

c. 酸渣,是指生产润滑油时用硫酸精制芳香族馏分的副产物,具有较强的憎水性。酸渣遇水会析出不溶性物质,硫酸与地层中钙、镁离子也会形成沉淀而堵塞地层,这些都发生在水层,而在油层中不会发生,产生选择性的效果。

d. 聚三聚氰酸酯盐,是一种水溶性堵剂,黏度随质量分数增加而增加,质量分数为0.25%~25%时,黏度为0.5~50 mPa·s,易注入。通过水解反应,可产生不溶于水的沉淀,在一定地层温度和堵剂浓度下,堵剂水解反应的速度由pH值控制(pH=8~15)。pH值越高,水解越快,通过调节pH值,可控制堵剂堵塞的位置。

(2)油基堵剂

①有机硅类堵剂。有机硅类化合物包括$SiCl_4$、氯甲硅烷、低分子氯硅氧烷等。它们对地层温度适应性好,可用于一般地层和高温(200 ℃)地层。

烃基卤代甲硅烷是有机硅类化合物中使用最广的一种易水解、低黏度液体,其通式为R_nSiX_{4-n},R表示烃基,X表示卤素(F、Cl、Br、I),n为1~3的整数。例如,$(CH_3)_2SiCl_2$就是其中的一种,由硅粉与氯化甲烷制得:

$$Si + 2CH_3Cl \xrightarrow[300\ ℃]{Cu\ 或\ Ag} (CH_3)_2SiCl_2$$

其堵水机理是:在地层条件下,氯硅烷遇水发生反应,生成具有弹性的含硅氧硅键(—Si—O—Si—)的聚硅氧烷沉淀。该沉淀物通过氢键吸附在岩石表面,烷基部分朝外,使得岩石表面呈亲油性,增加了水的流动阻力,若进入油层,由于无水,不发生上述过程。氯硅烷与水发生水解反应,生成相应的硅醇,进而缩合形成聚硅醇沉淀,堵塞出水层。其反应式如下:

$$(CH_3)_2SiCl_2 + 2H_2O \rightarrow (CH_3)_2Si(OH)_2 + 2HCl$$

$$n(CH_3)_2Si(OH)_2 \xrightarrow[20\sim100\ ℃]{水解} HO—[(CH_3)_2Si—O—]_nH \downarrow + (n-1)H_2O$$

此外,由于聚硅醇对岩石的附着作用和形成分子内键的牢固结合,含饱和水的地层砂岩颗粒强度会极大加固,因此甲硅烷能够起到防砂的作用,适合于油层压力低、疏松粉细的砂岩油藏。

氯硅烷与水反应时会产生HCl烟雾,腐蚀性大,国外已用低分子、低毒、低腐蚀性的硅氧烷取代,该体系无毒、耐温(200 ℃),对于各类地层有较强的附着力。

②聚氨酯。这类堵剂是由多羟基化合物和多异氰酸酯聚合而成,聚合时保持异氰酸根(—NCO)的数量超过羟基的数量,即可得到有选择性堵水作用的聚氨酯。

在水层中异氰酸根与水作用生成脲键,与原有的异氰酸根反应,使得线型聚合物变为体型结构,失去流动性而堵塞水层,在油层中不会发生上述反应,故具有选择性。

③稠油类堵剂。包括活性稠油、稠油固体粉末和耦合稠油等。

a. 活性稠油。是一种加有乳化剂的稠油,乳化剂为油包水型(如 Span-80),它可以使得稠油遇水后产生高黏的 W/O 乳状液,乳状液中的液滴堵塞孔隙,降低渗透率。例如,当油水界面张力为 20 mN/m 时,直径 0.1 mm 的液滴通过 0.01 mm 的孔隙,需要 120 Pa 的压力推动,若通过周围的平行流动来得到此压差,则相应的压力梯度需要高达 8.0 MPa,加之贾敏效应的叠加,使得液滴的堵塞极其有效。

当活性稠油挤入油层时,能与原油混溶,不会产生乳状液,故不堵塞油层,另外,还可增加井底附近的含油饱和度,使油相渗透率提高。

由于稠油中含有天然乳化剂,如环烷酸、胶质、沥青质等,故也可将稠油直接用于堵水。

b. 稠油固体粉末。该粉末是由活性稠油与熟贝壳粉或熟石灰的混合物,堵剂中的成分对水均有堵塞作用。此外,粉末可增加乳状液的黏度,提高堵水效果。

c. 耦合稠油。该堵剂是将低聚合度、低交联度的苯酚-甲醛树脂或其混合物作耦合剂溶于稠油中制得。这些树脂通过化学剂吸附在地层表面,增加地层岩石与稠油的结合强度,使稠油不易排出,增加作用时间。

④油溶性树脂。

a. 乙烯-醋酸乙烯酯共聚物。这是一种油溶性热塑性树脂,其结构式为:

$$—[CH_2—CH_2]—[CH_2—CH]_m—$$
$$|$$
$$O—COCH_3$$

由于其是油溶性树脂,故在油层中呈溶解状态,而在水层中析出,故具有选择性堵水效果。在使用时,可加入石蜡或酰胺作为延缓剂。

b. 聚乙烯。可使用的聚乙烯相对分子质量为 $(1 \sim 2) \times 10^4$,密度为 $0.91 \sim 0.92$ g/cm³,熔点为 115 ~ 120 ℃。它适用于高温地层(120 ℃),使用时由油带入,在地层中熔化、溶解为高黏液体,对水产生阻碍,封堵水流通道。

c. 深度氧化沥青、聚乙烯烃悬浮体系。该体系以深度氧化沥青、聚乙烯烃为主,悬浮于表面活性剂溶液中。油溶性组分呈固体粉状,粒径为 0.1 ~ 3 mm,密度为 $0.91 \sim 1.05$ g/cm³,软化温度为 90 ~ 180 ℃。在软化温度下,液相黏度为 103 ~ 109 mPa·s。这些物质在较宽的温度范围内对地层水保持惰性,且具有结构力学性质和聚集、附着于岩石表面的能力,能有效封堵高温(200 ℃)、高压(100 MPa)下的裂缝型和裂缝孔隙型油藏水淹层段。施工时将悬浮于通过油管挤入地层,加压关井 0.5 ~ 6 h,后开井。用于选择性堵水时,水层温度低于聚合物软化温度 20 ~ 40 ℃时最好。

(3)醇基堵剂

①松香二聚物。常用松香二聚物的醇溶液来堵水,松香可在硫酸的作用下聚合:

松香二聚物易溶于低级醇而难溶于水,故其醇溶液与水相遇后,醇被水稀释,减少了对松香二聚物的溶解度,使得松香二聚物饱和析出,由于松香二聚物软化点较高(至少100 ℃),故松香二聚物析出后呈固态,堵塞水层。一般施工时,溶液浓度控制为40% ~60%,浓度高则黏度过高,浓度低则堵水效果不佳。

②醇基复合堵剂。这类堵剂主要包括3种组分:第一种组分为 $Na_2O \cdot mSiO_2 \cdot nH_2O$(模数为2.9)溶液;第二种组分为 HPAM,其作用是与地层水混合后提高混合液的黏度和悬浮能力;第三种组分为浓度不高的含水乙醇,其作用是加速盐类粒子的凝聚过程,乙醇通过提高吸附粒子接近硅酸胶束表面膜的能力,从而可增加凝胶的吸附量。

综合上述内容不难发现,在选择性堵剂中,聚合物堵剂、泡沫堵剂和稠油堵剂以其各自的特点引起重视。HPAM 具有独特的堵水选择性,且易于交联,适合不同渗透率的地层。泡沫虽有效期短,但可大规模施工,成本低,对油层基本不产生伤害,是一种较好的选择性堵剂。稠油是堵剂中唯一可回收使用的堵剂,但使用前应注意对地层预处理(用阴离子表面活性剂溶液处理地层),使得地层转变为亲油性表面,利于稠油进入。

在水基、油基和醇基3类堵剂中,水基堵剂能优先进入水层,且成本低,故应用范围更广。

7.1.3 水井、气井堵剂

对于多油层注水开发的油田,由于油层的非均质性,使得注入水沿高渗透层突进是油井过早水淹的主要原因。出水油井采取堵水措施虽也可以降低含水率,提高油产量,但有效期短,成功率不高,特别是严重的非均质油层更是如此。因此,解决油井过早水淹的问题必须从注水井着手。水井堵剂用于改变注水剖面,从而提高注入水的波及系数。水基堵剂可分为3类,即颗粒状堵剂、单液法堵剂和双液法堵剂。关于气井堵水技术及堵剂方面的报道较少,一般认为油井化学堵水方法在气井中也适用。

1)注水井堵剂

注水井堵水剂又称为调剖剂。国外常用聚合物作为调剖剂,严格来说,这部分属于 EOR 中的聚合物驱油。本节仅就注水井的颗粒状堵剂、单液法堵剂和双液法堵剂作介绍。

(1)颗粒状堵剂

颗粒状堵剂是将各种含固体和半固体颗粒的溶液用于封堵注水地层的渗滤面,它按照滤面的吸水能力的大小进行不同程度的封堵。这类堵剂用量少,只适用于垂直渗透率远小于水平渗透率的地层。常用的颗粒状堵剂有: $Mg(OH)_2$ 、 $Al(OH)_3$ 、石灰乳、黏土、炭黑、陶土、各种塑料颗粒、果壳颗粒、水膨体颗粒等。

①石灰乳。是向生石灰的水分散体系中加入适量悬浮剂(如水玻璃、栲胶、纸浆废液、活性剂及原油等)后形成的悬浮液。此悬浮液被挤入地层后,首先进入高渗透带,待悬浮于体系

中的 Ca(OH)$_2$ 颗粒沉积于地层后即可起到堵水调剖的作用,常用的配方是(质量比):石灰乳:水玻璃 = (1~5):(0.4~0.6)。

②Al(OH)$_3$。将 PAM 溶液先用碱调解 pH 值至碱性,然后加入氯酸钠溶液,搅拌混合,即得到 Al(OH)$_3$ 悬浮体,用于水井封堵。

③惰性材料。

a. 炭黑:化学惰性,通常分散在非离子活性剂水溶液中使用。

b. 塑料小球:按地层渗透率的大小,将不同大小的塑料颗粒分散在水中或稠化水中注入。

c. 果壳颗粒:颗粒小于 60 目(目就是 2.54 cm 即 1 in 长度中的筛孔数目),由于其密度小易被注入水携带至注水地层的高渗透剖面。

d. 水膨体颗粒:水膨体是一类适当交联遇水膨胀而不溶解的聚合物。将水膨体注入地层有两种方法:一是用抑制水膨体膨胀的介质,如煤油、乙醇和电解质溶液(氯化钠、氯化铵溶液等),将水膨体携带进入地层,随着介质的流失,水膨体在目的区域沉积膨胀,堵塞地层;另一种是在水膨体表面覆膜,后由水携带进入地层,覆膜溶解后,水膨体才开始膨胀。水膨体膨胀速率和膨胀倍数都很高,如图 7.5 所示。

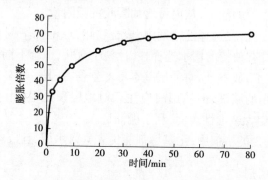

图 7.5 某水膨体在水中膨胀倍数随时间的变化

(2)单液法堵剂

油井非选择性堵剂中的树脂型、冻胶型和凝胶型堵剂均可作为水井的单液法堵剂,重要的堵剂有:

①硅酸凝胶:将硅酸溶液注入地层,经一定时间后硅酸溶液发生胶凝反应变为凝胶,将高渗层封堵。通过选用不同类型及浓度的活化剂,不同模数的硅酸钠,在不同温度的地层可得到不同的胶凝时间,可控制封堵的距离。

②铬木质素磺酸盐:该堵剂由重铬酸盐将木质素磺酸盐交联而得,木质素磺酸盐质量分数为 2%~5%,重铬酸盐质量分数为 4.5%,加入碱金属或碱土金属的卤化物(如 NaCl、CaCl$_2$、MgCl$_2$),可减少重铬酸盐的用量,延长成冻时间并能增加冻胶强度,见表 7.1。

表 7.1 铬木质素冻胶的含盐量与成冻时间

重铬酸盐质量分数/%	NaCl:重铬酸盐(质量比)	成冻时间/h
2.5	1:1	>250
0.15~0.25	(50:1)~(55:1)	>1 000

③聚丙烯酰胺-乌洛托品-间苯二酚:该堵剂由乌洛托品-间苯二酚交联 PAM,它利用乌洛

托品析出甲醛的缓慢反应和线性酚醛树脂堵剂 PAM 的交联反应,降低了反应速度,使堵剂由较好的稳定性,便于大剂量施工。常用配方(质量比)为:聚丙烯酰胺:乌洛托品:间苯二酚 = $(1 \sim 1.7) : (0.2 \sim 0.27) : (0.05 \sim 0.083)$。

④含盐的水包稠油:这是一种多重乳状液(W/O/W),其黏度随时间增加而增大。这是因为在含盐条件下,外相的水通过油膜进入内相引起乳状液液珠膨胀,使得黏度增加。其堵水作用依靠油珠在孔喉结构中贾敏效应的叠加,增大高渗层的流动阻力。

⑤硫酸:硫酸能与地层中的钙、镁离子生成沉淀而堵塞地层,当硫酸注入地层后,先与井筒附近的碳酸盐反应,增加注水井吸水能力,产生的硫酸钙微粒(粒度极小而易于携带)随酸液进入地层并在适当位置(如孔隙结构的喉部)沉积,形成堵塞。堵塞主要发生在高渗透层,是因为高渗层吸水能力强,随酸液进入的硫酸钙较多。

(3)双液法堵剂

油井非选择性堵剂中的沉淀型堵剂是双液法的主要堵剂,而冻胶和凝胶型堵剂在双液法中也同样得到应用,都可作为水井调剖剂使用。

在注水井调剖剂中,凡是能产生沉淀、冻胶和凝胶的化学物质都可作为双液法堵剂。例如,HPAM 和 CH_2O、Na_2SiO_3 和 $(NH_4)_2SO_4$、Na_2SiO_3 和 CH_2O 等。

2)气井堵水剂

(1)沥青凝析油溶液

该堵剂是用溶解温度为 $46 \sim 57$ ℃ 的道路沥青,加入后溶解在凝析油中制成均匀的溶液,用于气井中地层水锥的封堵。沥青凝析油溶液注入地层后,凝析油蒸发,于是在地层水淹部分的孔隙喉道表面形成亲油憎水的沥青薄膜,堵塞水流通道或由于通道亲油憎水而降低水相渗透率,达到堵水的目的。沥青凝析油溶液进入气层后,难以形成沥青薄膜,在处理后诱喷时能被排出,故不会降低气相渗透率,一般堵剂质量分数为 20%。

(2)碱金属硅酸盐-氟硅酸钠

将硅酸钠(或钾)87% ~ 92%(质量分数)与氟硅酸钠 8% ~ 13%(质量分数)均匀混合,在 $0.5 \sim 4$ MPa 下注入岩心,20 ℃ 下的实验结果见表 7.2。

表 7.2 气井堵剂实验结果

堵剂各组分质量分数/%		实验条件		透水性/
氟硅酸钠	硅酸钠	表压/MPa	凝结时间/min	(mL·min⁻¹)
—	—	0.5	2	55 ~ 60
8	92	0.5	2	14
8	92	0.5	360	0.0
13	87	0.5	2	13.8
13	87	0.5	360	0.0
10	90	4.0	360	0.46

(3)氧化镁沉淀

氧化镁沉淀适用于高矿化度地层水的封堵,其配方(质量分数)为:MgO 53% ~ 63%、

NaOH 2% ~5%、加有粉煤灰的水泥 1% ~20%,其余为水。该堵剂与地层水中的钙盐和镁盐反应,形成坚固的整体沉淀物,从而堵塞地层盐水通道,以抑制地层水进入气井。其优点是:充分利用高矿化度地层水,飞灰水泥能使封堵浆体的凝结时间可调;封堵液的膨胀效应及堵剂与地层孔隙表面的黏结效果俱佳,且黏结强度可根据地层岩性和地层水成分调解。

(4)聚合物乳胶浓缩液

聚合物乳胶浓缩液属于聚合物油包水乳状液。这种浓缩液用烃稀释后或直接以浓缩液原液注入气水同产层,能极大降低该层的水相渗透率,而该层的气相渗透率基本不受影响。

聚合物乳胶浓缩液的主要成分有聚合物、水、烃稀释剂及油包水乳化剂。增黏用的聚合物为 PAM 及其衍生物的均聚物或共聚物,其质量分数为 25% ~35%,水在堵剂中质量分数为 1% ~25%。烃稀释剂一般为脂肪族或芳香族化合物,如原油、柴油、天然凝析油等,质量分数为 15% ~25%,油包水乳化剂质量分数为 0.5% ~5%。

7.2 化学清防蜡技术

7.2.1 油井的结蜡及其影响因素

1)油井的结蜡

我国主要油田生产的原油含蜡量都比较高,一般为 15% ~37%,个别原油含蜡量高达 40% 以上。石蜡在储层条件下通常以溶解态存在,但进入含蜡原油油井、沿着油管上升的过程中,随着温度和压力的下降及轻质组分不断逸出,原油中的石蜡开始结晶析出形成蜡晶,蜡晶呈薄片状或针状吸附在管壁上并不断沉积。当原油温度低于临界浊点温度时,蜡晶分子就会向固体表面扩散,并以此为中心开始形成三维网状结构,即为结蜡。结蜡会导致油井产量下降,甚至停产。

2)影响结蜡的因素

影响结蜡的主要因素是原油的组成(蜡、胶质和沥青质的含量)、油井的开采条件(温度、压力、气油比和产量)、原油中的杂质(泥、砂和水等)、管壁的光滑程度及表面性质。其中原油组成是油井原油结蜡的内在因素,而温度和压力则是外部条件。

(1)原油的组成

原油中轻质组分越多,则蜡的结晶温度越低,不易结蜡析出。蜡在原油中的溶解度随温度的降低而减小。原油中含蜡量越高,蜡的结晶温度就越高。在同一含蜡量下,重油的蜡结晶温度高于轻质原油的蜡结晶温度。

原油中胶质和沥青质影响蜡的初始结晶温度和蜡的析出过程以及结晶在管壁上的蜡的性质。由于胶质是表面活性物质,可吸附在蜡晶上阻碍结晶的发展。沥青质是胶质的进一步聚合物,其不溶于油,而是以极小的颗粒分散在原油中,可成为蜡的结晶中心。由于胶质、沥青质的存在,使蜡结晶分散的均匀而致密,且与胶质结合紧密。但在胶质、沥青质存在的情况下,在管壁上沉积蜡的程度将明显增大,且不易被油流冲走。故原油中所含的胶质、沥青质既可减轻结蜡程度,又在结蜡后使黏结强度增大而不易被油流冲走。

(2)油井的开采条件

在压力高于饱和压力的条件下,压力下降时,原油不会脱气,蜡的初始结晶温度随压力的降低而降低。在压力低于饱和压力的条件下,由于压力下降时,油中的气体不断析出,使得原油溶解石蜡的能力下降,导致蜡的初始结晶温度升高。压力越低,结晶温度越高。由于初期析出的是轻组分气体(甲烷、乙烷等),后期析出的是重组分气体(丁烷等),前者对蜡的溶解能力影响小于后者,故随着压力的降低,初始结晶温度明显增高。

在采油过程中,原油从储层转移到地面的过程中,压力和温度不断降低,当压力降低到饱和压力后,便由气体析出,同时气体析出膨胀产生吸热过程,也促使油流温度进一步降低。因此,在采油过程中,气体的析出不但降低原油对蜡的溶解能力,且降低了油流的温度,使得加速了蜡的析出和结晶。

(3)原油中的杂质

原油中的水和机械杂质对蜡的初始结晶温度影响不大,但油中的细小砂粒及机械杂质将成为石蜡析出的结晶核心,促使石蜡结晶的析出,加速了结晶过程。油中含水量增加后对结蜡过程产生两个方面的影响:一是水的比热容大于油的比热容,故水的存在会减小油流温度的降低;二是含水量增加后易在管壁上形成连续的水膜,不利于石蜡在管壁上的沉积,故含水量增加会使得结蜡过程中管壁沉积石蜡的程度有所减轻。

(4)管壁的光滑程度及表面性质

液流速度与管壁表面粗糙度及表面性质也影响结蜡。当油流流速较高时,其对管壁的冲刷作用较强,蜡不易沉积在管壁上;管壁越光滑,蜡越不易沉积。此外,管壁表面的润湿性对结蜡有明显影响,表面亲水性越强越不易结蜡。

综上所述,原油的组成是影响结蜡的内在因素,而温度和压力是外在因素。由于原油组成复杂,故对原油结蜡过程和机理的认识还处于继续深入的阶段。

7.2.2 化学防蜡剂

以现有的对原油结蜡过程和机理的认识为基础,提出了3类化学试剂,用以降低石蜡晶体的沉积,分别是稠环芳烃型、表面活性剂型、高分子型。

1)稠环芳烃型防蜡剂——共结晶理论

如图7.6所示,是原油中常见的稠环芳烃类物质,其在原油中的溶解度低于石蜡,将其溶解于溶剂中,从油套环形空间注入井底,并与原油一起采出。在采出过程中随温度和压力的下降,这些稠环芳烃先于石蜡析出,为蜡的结晶提供大量的结晶核心,使得石蜡在这些稠环芳烃的晶核上析出。但这样析出的蜡晶不易继续长大,原因是蜡晶中的稠环芳烃分子影响了蜡晶的排列,使得蜡晶的晶核扭曲变形,不利于蜡晶的发育长大,从而导致这些变形的蜡晶分散在油中,被携带至地面,起防蜡的作用。需要注意的是,该类化合物生物毒性较强,在使用中应主要防护。

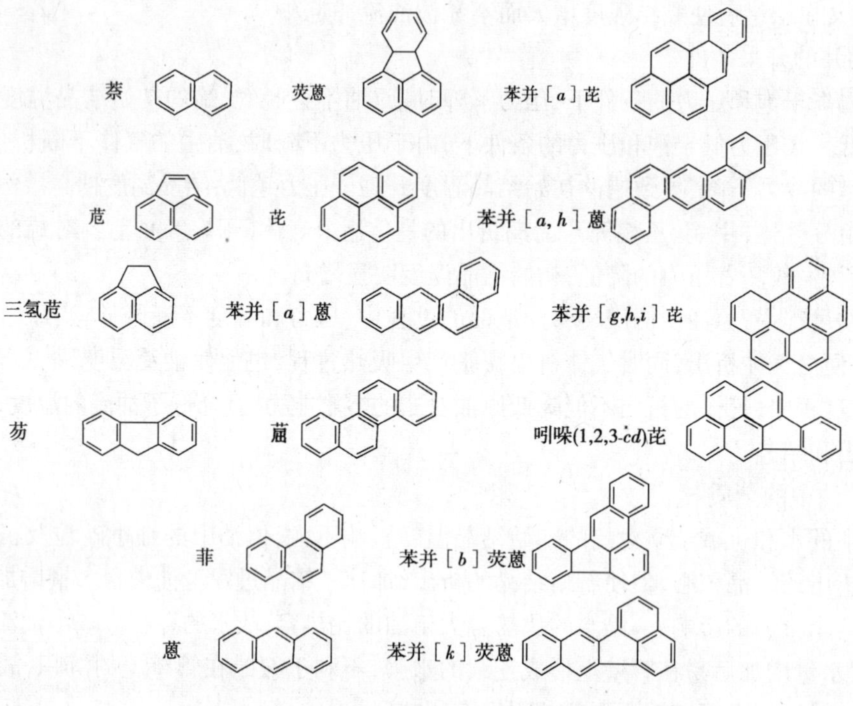

图 7.6　原油中常见的稠环芳烃类物质

2) 表面活性剂型防蜡剂——水膜理论

表面活性剂型防蜡剂有两种表面活性剂,即油溶性表面活性剂和水溶性表面活性剂。一般认为,油溶性表面活性剂烷基长链可以吸附/共晶在蜡晶上,且极性基团向外,使得蜡晶表面润湿性表现为亲水疏油,不利于石蜡继续在晶体表面沉积、生长。水溶性表面活性剂在蜡晶表面吸附,根据极性相近原则,非极性基团吸附在蜡晶表面,极性基团与油相中的水形成活性水化膜,阻碍石蜡的进一步沉积,同时在管线和设备表面吸附,使其表面形成极性,阻止石蜡在其表面的沉积。常见的烷基苯磺酸盐、聚氧乙烯脂肪胺、Span 系列、氯化烷基三甲基铵等都可作为此类防蜡剂。

3) 高分子型防蜡剂——蜡晶改性

此类高分子防蜡剂含有与蜡质链长相近的烷基侧链,通过酯基、酰胺基等与主链相连,聚丙烯酸酯/酰胺是典型代表。使用时将其注入原油,在较低浓度下形成分散的网状结构,当原油温度下降时,石蜡分子与烷基侧链共结晶,蜡晶在高分子网上分散析出,形成疏松状网络结构,防止形成石蜡大量沉积的结构。这类防蜡剂是通过改变蜡晶析出形式从而影响蜡晶析出大小来实现防蜡目的,同时还可改善原油的泵送性能。

此类聚合物由于具有较长侧链又称梳状聚合物,复配使用有更好的协同效果。聚合物防蜡剂的侧链长短直接与防蜡效果有关,当侧链平均碳原子数与原油中蜡的峰值碳数相近时防蜡效果最佳。

此外,还有一类聚合物通过破坏蜡分子束的形成来防止晶核的产生,防止石蜡的析出。聚乙烯就是这类蜡晶改进剂。

7.2.3 化学清蜡剂

对于已经结蜡的油井,可采用机械(如刮蜡片)或加热(如热油循环)的方法清蜡,也可采用清蜡剂将蜡清除。清蜡剂的作用过程是将已沉积的蜡溶解或分散开,使其在原油中处于溶解或小颗粒悬浮状态随油流流出,或者涉及渗透、溶解和分散等过程。清蜡剂主要有油基型、水基型、乳液型3类。

1)油基型清蜡剂

油基清蜡剂的作用机理是将对沉积石蜡由较强溶解和携带能力的溶剂分批或连续注入油井,将沉积石蜡溶解并携带走。结蜡严重时,可将清蜡剂大剂量加入油管中循环以达到清蜡的目的。

在油基清蜡剂中通常加入表面活性剂,利用表面活性剂的润湿、渗透、分散和洗净作用,提高溶剂的清蜡效果。目前,国内外通常使用的溶剂有二甲苯、汽油、煤油、柴油、凝析油和石油醚等。二硫化碳、四氯化碳、氯仿、苯等早期被用作清蜡剂,其清蜡效果优异,但其本身含有毒性,易造成腐蚀和催化剂中毒等问题,已禁用。油基清蜡剂使用的溶剂通常具有毒性、易燃易爆、易被原油稀释,故其应用受到限制。

2)水基型清蜡剂

水基清蜡剂是以水为分散介质,表面活性剂为主要组分,同时还含有互溶剂、碱性物质等成分。这类清蜡剂既有清蜡的作用还有防蜡的功效。水基清蜡剂中各组分在清蜡过程中起的作用分别是:

①表面活性剂促使结蜡表面发生润湿反转,使得结蜡表面反转为亲水表面,有利于蜡从设备表面脱落,同时降低油蜡界面张力,促进溶解、分散,常用的表面活性剂有季铵盐型、磺酸盐型、OP 型等;

②互溶剂如异丙醇、异丁醇、二乙二醇乙醚等,可提高油相对蜡的溶解能力;

③碱性物质可与沥青质等物质反应,其产物也是表面活性剂,起类似作用。

水基清蜡剂以表面活性剂为主,由于表面活性剂成本较高,清蜡效率较低,故需研发新型高效的表面活性剂,降低使用成本,提高清蜡效率。

3)乳液型清蜡剂

针对以上两种清蜡剂的不足,近年来乳液型清蜡剂发展起来。改型清蜡剂采用乳化技术,将清蜡效率高的芳烃、混合芳烃或溶剂油乳化、分散到含有表面活性剂的水相中,形成水包油型乳状液,同时选择适当浊点的非离子表面活性剂,使得乳化液进入蜡段之前破乳,分出两种清蜡剂同时作用。该类清蜡剂既保留了有机溶剂和表面活性剂的清蜡效果,又克服了油基清蜡剂毒性较大和水基清蜡剂受温度影响较大的缺点。

7.3 化学防砂技术

对于疏松砂岩油藏,尤其是采用稠油热采工艺地砂岩油藏,油井出砂是其主要问题。出砂会导致砂埋油气层或井筒砂堵,甚至导致油气井停产,使地面或井下设备严重磨蚀、砂卡及频繁的冲砂验泵、地面清罐等维修,增加工作量和原油生产成本。防砂是开放易出砂油藏必备的工艺之一,对原油的稳定生产、提高开放效益十分重要。

防砂的主要目的即是使地层砂最大限度地保持在地层中的原始位置而不随地层流体流入井筒,阻止地层砂在地层中的运移,使地层砂对地层原始渗透率的破坏降至最低,保护井下生产设备,最大限度地维持生产井的原始产液能力及注水井的注排能力。

油气井防砂方法主要有机械防砂和化学防砂两大类。本节主要介绍化学防砂方法及相应试剂。

化学防砂是用有机或无机化学试剂挤入疏松油层或预充填砂层(如预涂层砾石),使砂粒与砂粒间胶结成具有一定强度、渗透性好的砂层的固砂工艺,如地面注入树脂溶液固砂、地下合成树脂溶液固砂及水玻璃溶液固砂等。化学防砂的优点是井筒内部不留下任何机械设备,施工工艺简单,只需泵入化学剂或带有支撑剂的化学试剂即可。这种方法对于细粉砂防砂较为有效,对未严重出砂的地层和低含水油井的施工成功率较高。化学固砂适用于相对不含黏土和微粒矿物质、通常厚度小于 5 m 且渗透率均匀的出砂层段。其缺点在于对地层渗透率有一定的伤害,成功率不如机械防砂。

化学防砂大致分为树脂固砂、人工井壁防砂及其他化学固砂法。

7.3.1　树脂固砂

树脂固砂法主要有两种:一是直接向近井疏松出砂层段挤入树脂以固结近井地带砂粒;另一种是在地面制备预涂层砾石,即经筛析后的石英砂表面通过物理或化学方法均匀涂敷一层极薄的树脂,常温下阴干,形成分散颗粒,简称覆膜砂,施工时用携砂液泵入井内,挤入油层和射孔孔眼内,在一定温度和固化剂的作用下,使得颗粒相互黏结成具有一定强度和渗透率的人工井壁作为挡砂屏障。

1)直接挤注树脂

(1)树脂的性能要求

挤注树脂法所使用的树脂包括环氧树脂、酚醛树脂、脲醛树脂、糠醇树脂及其混合物。其中使用糠醛树脂效果最好。固砂用树脂需具有以下性能:

①常温下,树脂黏度低于 20 mPa·s,只有在该黏度下,才能具有合理的泵注时间,允许挤入后置液能有效的顶替出多余的树脂,保持地层渗透率。在树脂黏度较高时,可加入稀释剂降低树脂黏度。常用的稀释剂有糠醇、苯酚等。

②树脂必须能润湿地层固相物质,便于挤入的树脂在毛细管力作用下进入砂粒间的空隙中。

③树脂(聚合)固化后应具有足够高的抗拉强度和抗压强度。

④树脂(聚合)固化时间必须可控,聚合时间过短会影响顶替作业,而时间过长会增加施工成本。

⑤树脂固化后应具有化学惰性,在地层条件下可长期保持胶结状态。

(2)挤树脂固砂工艺过程

①前置液预处理地层。根据预处理目的的不同,预处理液类型也不同。如要去除砂粒表面的油,前置液可以是液态烃,如柴油、煤油、原油、矿物油和芳香油等。另一类是水基前置液,一般为盐水,再加入表面活性剂,如烷基苯磺酸盐、OP-10 等,使得砂粒表面反转为亲水,由于极性的胶结剂能润湿亲水表面,因而有较好的胶结结果。

②树脂胶结剂的注入。地层预处理后,注入胶结液,其中最好含有偶联剂,使得树脂与砂粒更紧密的结合。一般选用硅烷偶联剂,利用其硅氧烷基与砂粒表面结合,利用氨基与树脂结合。对于地层渗透率较高的地层可直接注入胶结液,若地层渗透率较低,可通过水基携带液将胶结液带入地层,为防止胶结液稠化聚集,可加入分散剂,如糠醛和酞酸二乙酯。对于非均质性较强的地层,可在注入胶结剂前,先注入一段分散剂,调节非均质性,使得胶结剂较均匀的分散在砂层中。为保证胶结效果,应控制分散剂用量。

③注入顶替液(增孔液)。位于砂粒接触点的胶结剂才能起胶结固砂作用,而砂粒孔隙中多余的胶结剂固化后会引起砂层的堵塞,降低砂层渗透率。因此,需用顶替液将多余的胶结剂顶替到地层深处。如使用极性胶结剂时,可采用煤油或柴油作为顶替液。

④树脂固化,一般通过加热和挤入催化剂达到固化的目的。催化剂可与胶结剂一同注入地层(内催化法),也可在注入胶结剂后再注入催化剂(外催化法)。对于环氧树脂,合适的催化剂有胺类、酸酐类催化剂,对于酚醛树脂、脲醛树脂、糠醇树脂等,无机酸、有机酸和成酸化学剂都是比较好的催化剂。

2)预涂敷树脂砂

预涂敷树脂砂是在树脂配方中加入催化剂或在砂浆液后顶替外固化剂,促使预涂层砾石在低温地层中固化,达到胶固地层的目的。预涂敷树脂砂主要包括常温和高温覆膜砂,常温覆膜砂适用于 60 ℃的油井,高温覆膜砂适用于注蒸汽热采井(注汽温度为 300～350 ℃)。

覆膜砂是通过将树脂溶解在溶剂中,与石英砂混合,待溶剂挥发后,形成覆膜砂备用。高温覆膜砂进入地层后,在降低高温或特定外界条件下固化。该方法最大的好处是井底不留任何机械装置,后期处理较方便。技术关键在于预涂层工艺和耐高温树脂配方。该方法常用于严重出砂层,挤入量由累计出砂量确定,但处理井段不超过 20 m。

7.3.2　人工井壁防砂

人工井壁防砂法是化学防砂中的一大类,属于颗粒防砂。该方法主要通过特定性能的胶结剂和一定粒径的颗粒物按比例在地面混合均匀,或风干后再粉碎成颗粒,也可直接用可固结颗粒,由油基或水基携砂液泵入井内,通过炮眼,在油层套管外堆积填满出砂洞穴,在井温和固化剂的作用下,凝固形成具有一定强度和渗透率的防砂屏障,即人工井壁。此类方法适用于地层大量出砂,井壁已形成洞穴的油水井防砂,较砾石填充成本更低。

1)水泥砂浆人工井壁

水泥砂浆人工井壁是以水泥为胶结剂,以石英砂为支撑剂,按比例混合均匀,混入适量的水,用油基携带液带入井下,挤入套管外,堆积于出砂部位,凝固后形成具有一定强度和渗透性的人工井壁。适用于已出砂油井、低压油井、浅井(井深 1 000 m 左右)、薄油层油井(油层井段小于 20 m)。

2)水带干灰砂人工井壁

水带干灰砂人工井壁是通过水泥为胶结剂,以石英砂为支撑剂,按比例混合均匀,用水带入井下,挤入套管外,堆积于出砂部位,凝固后形成具有一定强度和渗透性的人工井壁。适用于处理后期的低压油水井、已出砂油水井、多油层、高含水油井及防砂井段在 50 m 以内的油水井防砂。

3)柴油乳化水泥浆人工井壁

柴油乳化水泥浆人工井壁是以活性水配制水泥浆,按比例加入柴油,充分搅拌形成柴油泥浆乳化液,泵入井内挤入出砂层位,水泥凝固后形成人工井壁。由于柴油为连续相,凝固后的水泥具有一定的渗透性,使液流能顺利地通过人工井壁进入井筒,达到防砂目的。

该方法适用于浅井、地层出砂量小于500 L/m的井、油层井段在15 m以内的油水井和油水井的早期防砂。

4)树脂核桃壳人工井壁

树脂核桃壳人工井壁是以酚醛树脂为胶结剂,以粉碎成一定颗粒的核桃壳为支撑剂,按一定比例搅拌混合均匀,用油或活性水携至井下,挤入射孔层段套管外侧堆积于出砂层位,在固化剂的作用下经一定的反应时间后使得树脂固结,形成具有一定强度和渗透性的人工井壁,防止油井出砂。

该方法适用于出砂量较小的油井、射孔井段小于20 m的全井防砂和水井早期防砂。

7.3.3 其他化学固砂法

目前化学固砂方法较多,除上述介绍的树脂固砂和人工井壁防砂以外,本节主要介绍以下几种方法:氢氧化钙饱和溶液固砂法、四氯化硅固砂法、聚乙烯固砂法、氧化有机化合物固砂法、硅酸钙固砂法、二氧化硅固砂法、焦炭固砂法和有机阳离子聚合物固砂法。

1)氢氧化钙饱和溶液固砂法

将氢氧化钙饱和溶液用于胶结砂岩地层,胶结机理是氢氧化钙饱和溶液在高于65 ℃的温度下,与油层中的黏土矿物质(蒙脱石、伊利石等)反应生成铝硅酸钙(胶结物),把砂粒胶结在一起,实现控制出砂。胶结地层能耐高温,适用于蒸汽驱和热水驱油藏固砂作业。

由于氢氧化钙的溶解度很低,所以要多次循环注入氢氧化钙饱和溶液才能使胶结地层达到所需的强度。为改进这一状况,提出向地层中注入含有氯化钙和氢氧化钠的氢氧化钙饱和溶液,随着胶结反应的发生,氢氧化钙析出导致溶液中氢氧化钙浓度下降,溶液中氯化钙和氢氧化钠发生化学反应生成新的氢氧化钙,保持氢氧化钙浓度,从而将未固结的地层砂胶结起来。

2)四氯化硅固砂法

四氯化硅可用来固结疏松砂岩油藏,胶结机理是利用四氯化硅注入地层后与地层水反应,生成无定形的二氧化硅,通过二氧化硅将地层砂粒胶结起来,达到固砂的目的。其反应过程为:

$$SiCl_4 + 2H_2O \longrightarrow SiO_2 + 4HCl$$

从上式可以看出,用四氯化硅固砂,地层中必须含有水。地层水饱和度越高,防砂效果越好,而渗透率损失不大。为了提高胶结地层的抗压强度可采取预处理和后处理的方法,还可在胶结剂中加入适量的中和剂,将生成的氯化氢中和掉以提高胶结强度。

该方法工艺简单,只需一般的注入工艺就可达到目的。并且该方法成本低,主要用于气井防砂。

3)聚乙烯固砂法

聚乙烯固砂有两种工艺:一是用聚乙烯经稀释剂稀释后加入催化剂通过化学反应胶结疏松砂岩,使用的催化剂有锆盐、钴盐及锌盐;二是利用聚乙烯热聚合反应固砂。

4）氧化有机化合物固砂法

采用含不饱和烯烃的有机化合物,在氧化聚合反应过程中,氧原子将烯烃的双键打开,在各分子间形成氧桥,使有机物生成网状聚合物,将疏松砂岩颗粒胶结起来。这种方法一般包括两个连续步骤:一是一种或两种以上的能起聚合反应的有机物和催化剂混合,将混合物注入地层,在地层温度下,与氧化气体接触发生聚合,生成固态物质胶结砂粒,而基本上不降低地层的渗透性;二是注入足够的氧化气体,使注入的有机物充分固化。使用地层温度为 150～250 ℃。

5）硅酸钙固砂法

硅酸钙固砂法是通过向地层中注入水玻璃,经过柴油增孔后,再注入氯化钙,通过生成的硅酸钙胶结砂粒。还可以油为携带液将水玻璃注入地层,再用氯化钙将其固化。

6）二氧化硅固砂法

通过依次向地层中注入水玻璃、增孔柴油和盐酸,在砂粒的接触处生成硅酸,将砂层升温,硅酸脱水生成二氧化硅,将砂粒胶结起来。

7）焦炭固砂法

将油注入地层,以水增孔,再将砂层升温,使得油焦炭化,将砂粒胶结起来。由于二氧化硅和焦炭胶结砂层都需要将砂层升温加热(如用电加热、热空气加热、气体或固体燃料燃烧加热等),设备比较复杂,在使用上受到限制。

8）有机阳离子聚合物固砂法

用丙烯酰胺共聚三甲基烯丙基氯化铵后,得到有机阳离子聚合物,与无机盐复配后可制得复合防膨抑砂剂。该有机阳离子聚合物具有较长的分子链和较高的阳离子度,能在疏松的砂粒、黏土颗粒表面形成吸附膜(通过静电吸附),同时形成胶结作用,防止砂粒和黏土颗粒的运移。同时,有机阳离子聚合物易于形成网状结构,有效封堵地层出砂且不影响油气井产量。

习题

7.1 简述 HPAM 堵水机理及其影响因素。

7.2 简述泡沫作为选择性堵水剂的原理。

7.3 简述油井结蜡的原因及影响因素。

7.4 化学防蜡剂的作用机理有哪些?

7.5 化学防砂的原理是什么?

第 8 章
管道的腐蚀与防腐

油田生产过程中大部分管道的材质属于金属,这些金属材料长期与气、液相接触,包括土壤中的矿物质,使得金属材料的表面发生化学和电化学反应而被破坏,这种现象称为金属腐蚀。为了减少设备因腐蚀而发生损坏的情况,同时减少腐蚀产生的金属离子进入地层,造成地层损害或影响工作液使用,需要使用有效的防护方法。

8.1　管道的腐蚀

从腐蚀的定义可知,金属的腐蚀都是在不同介质中发生的,本节从介质的角度,分析金属在不同介质中的腐蚀过程、特点及因素。

8.1.1　金属在海水中腐蚀

1)海水的物化性质

海水中含有多种盐类,表层海水含盐量一般为 3.2% ~3.75%,随着水深的增加,含盐量略有增加。海水中盐主要为氯化物,占总含盐量的 88.7%,见表 8.1。

表 8.1　海水中主要盐类含盐量

成分	100 g 海水中主要含量	占总盐量/%
$NaCl$	2.712 3	77.8
$MgCl_2$	0.380 7	10.9
$MgSO_4$	0.165 8	4.7
$CaSO_4$	0.126 0	3.6
K_2SO_4	0.086 3	2.5
$CaCl_2$	0.012 3	0.3
$MgBr_2$	0.007 6	0.2

由于海水总盐度高,因此具有很高的电导率,海水平均比电导率约为 4×10^{-2} s/cm,远超淡水。

海水含氧量是海水腐蚀的主要因素之一,通常情况下,表面海水氧浓度随水温大致在 5 ~ 10 mg/L 变化。

2)海水的腐蚀特点

海水是典型的电解质溶液,其腐蚀具有以下 4 个特点:

①中性海水溶解氧更多,除镁及其合金外,绝大多数海洋结构材料在海水中的腐蚀,都是由氧的去极化控制的阴极过程。一切有利于供氧的条件,如海浪、流速增加等,都会促进氧的阴极去极化反应,加速金属的腐蚀。

②由于海水导电率较大,海水腐蚀的电阻性阻滞很小,因此海水腐蚀中金属表面形成的微电池和宏观电池都有较大的活性。海水中不同金属接触时很容易发生电偶腐蚀,即使两种金属相距数十米,只要存在电位差并实现电连接,即可发生电偶腐蚀。

③海水中氯离子含量很高,因此大多数金属如铁、钢、铸铁、锌、镉等在海水中不能钝化。在海水腐蚀过程中,阳极的极化率很小,因而腐蚀速率相当高。

④海水中易出现小孔腐蚀,孔深较深。

3)腐蚀因素

海水是以含有 3% ~ 3.5% 氯化钠为主盐、pH 值约为 8 的良好电解质。影响海水腐蚀的主要因素有以下 4 点:

(1)氧含量

海水的玻璃作用和海洋生物的光合作用均能提高氧含量,海水氧含量的提高,使得腐蚀速率随之提高。

(2)流速

海水中碳钢的腐蚀速率随流速的增加而增加,但增加到一定值后便基本不变。而钝化金属则不同,在一定流速下能促进高铬不锈钢的钝化,提高耐蚀性。当流速过高时,金属的腐蚀急剧增加。

(3)温度

温度增加,腐蚀速率增加。

(4)生物

生物的作用比较复杂,有的生物可形成保护性覆盖层,但大多数生物是增加金属的腐蚀速度。

8.1.2　硫化氢的腐蚀

硫化氢不仅对钢材具有极强的腐蚀性,而且其本身还是一种很强的渗氢介质,硫化氢引起的钢材腐蚀破裂是由氢引起的。

1)硫化氢电化学腐蚀过程

干燥的硫化氢对金属材料无腐蚀破坏作用,硫化氢只有溶解在水中才具有腐蚀性。在油气开采过程中,硫化氢与二氧化碳、氧相比,溶解度最高,例如在 1 个大气压下、30 ℃时,硫化氢在水中的饱和浓度为 3 580 mg/L。硫化氢在水中离解产生的氢离子,是强去极化剂,极易在阴极夺取电子,促进阳极铁溶解反应而导致钢铁的全面腐蚀。

硫化氢溶液对钢材电化学腐蚀的另一产物是氢。被钢铁吸收的氢原子,将破坏其基本的连续性,从而导致氢损伤(氢脆)。在含硫化氢酸性油气田中,氢损伤通常表现为硫化物应力开裂(SCC)、氢诱发裂纹(HIC)和氢鼓泡(HB)等形式的破坏。

2)影响腐蚀的因素

(1)硫化氢浓度

软钢在含硫化氢的蒸馏水中,当硫化氢含量为 200 ~ 400 mg/L 时,腐蚀率达到最大,而后又随着硫化氢浓度的增加而降低,在 1 800 mg/L 后,硫化氢浓度对腐蚀率几乎无影响。如果介质中还含有其他腐蚀性成分,如二氧化碳、氯离子、残酸等时,将促使硫化氢腐蚀速率大幅提高。

(2)pH 值

硫化氢水溶液的 pH 值将直接影响钢铁的腐蚀速率,通常表现在 pH 值等于 6 时是一个临界值,小于 6 则腐蚀速率高,腐蚀液呈黑色、浑浊。

(3)温度

温度对腐蚀速率影响较复杂。钢铁在硫化氢水溶液中的腐蚀率,通常在 90 ℃ 以内随温度升高而增大,随着温度的进一步升高,腐蚀速率将下降,在 110 ~ 200 ℃ 时腐蚀速率最小。

(4)暴露时间

在硫化氢水溶液中,碳钢和低合金钢的初始腐蚀速率很大,约为 0.7 mm/a,随着时间的增加,腐蚀速率逐渐下降,实验表明 2 000 h 后,腐蚀速率趋于平稳,约为 0.01 mm/a。这是由于随着暴露时间的增加,硫化氢腐蚀产物逐渐在钢铁表面沉积,形成一层具有减缓腐蚀作用的保护膜。

(5)流速

如果流体流速较高或处于湍流状态时,由于钢铁表面上硫化铁腐蚀产物膜受到冲刷而被破坏或黏附不牢固,钢铁始终处于腐蚀的初始状态——高速腐蚀,导致设备很快因腐蚀而损坏。但气体流速过低,又会导致管线、设备内部积液,发生水线腐蚀、垢下腐蚀等导致局部腐蚀破坏。故规定阀门的气体流速为 3 ~ 15 m/s。

(6)氯离子

在酸性油气田水中,带负电荷的氯离子基于电价平衡,总是优先吸附到钢铁的表面,故氯离子的存在会阻碍保护性硫化铁膜在钢铁表面的形成。氯离子可通过钢铁表面硫化铁膜的细孔和缺陷渗入膜的内部,使得膜发生显微开裂,形成孔蚀核,加速了孔蚀破坏。在酸性天然气气井中与矿化水接触的油套管腐蚀严重、穿孔速率快,都与氯离子的作用有着十分密切的关系。

8.1.3 二氧化碳的腐蚀

在油气田开发过程中,CO_2 溶于水对钢铁产生腐蚀性,早已被认识,近十几年来,在石油天然气工业中,CO_2 腐蚀问题再一次受到重视。

1)CO_2 腐蚀机理及腐蚀破坏特征

在常温无氧的 CO_2 溶液中,钢的腐蚀速率受析氢动力学控制,CO_2 在水中的溶解度很高,一旦溶于水即形成碳酸,释放出氢离子。氢离子是强去极化剂,极易夺取电子还原,促进阳极金属的溶解而导致腐蚀。

在含有 CO_2 的油气环境中,钢铁表面在腐蚀初期可视为裸露表面,随后被碳酸盐腐蚀产物覆盖,故 CO_2 水溶液对钢铁的腐蚀除了受氢阴极去极化反应速率的控制,还与腐蚀产物是否在钢铁表面成膜、膜的结构和稳定性有关。

2)影响 CO_2 腐蚀的因素

(1)CO_2 分压

当 CO_2 分压低于 0.021 MPa 时,腐蚀可以忽略;当 CO_2 分压为 0.021 MPa 时,表明腐蚀即将发生;当 CO_2 分压高于 0.021 MPa 时,腐蚀可能发生。

(2)温度

当温度低于 60 ℃时,由于无法形成保护性的腐蚀产物膜,腐蚀速率由 CO_2 水解生成碳酸的速度和 CO_2 扩散至金属表面的速度共同决定,故腐蚀形式为均匀腐蚀;当温度高于 60 ℃时,金属表面有碳酸亚铁生成,腐蚀速率由穿过阻挡层传质过程、垢的渗透率、垢的溶解度及流速综合决定。在 60~110 ℃时,腐蚀产物厚而松、结晶粗大、不均匀、易破损,易发生局部孔蚀。当温度高于 150 ℃时,腐蚀产物致密、附着力强,具有一定的保护作用,腐蚀速率下降。

(3)腐蚀产物

钢铁被 CO_2 腐蚀导致最终的破坏形式通常受碳酸盐腐蚀产物膜的控制。当钢表面市场的无保护性的腐蚀产物膜时,以较大的腐蚀速率发生均匀腐蚀;当钢表面的腐蚀产物膜不完整或易损坏、脱落时,易发生局部点状腐蚀导致穿孔破坏;只有腐蚀产物致密、附着力强,具有一定的保护作用,腐蚀速率下降。

(4)流速

高速流易破坏腐蚀产物膜或妨碍腐蚀产物膜的形成,使钢铁始终处于裸露腐蚀的状态,腐蚀速率高。有研究表明,0.32 m/s 是一个临界值,低于该值时,腐蚀速率随流速增大而加速,高于该值后,腐蚀速率取决于电荷传递速率,此时温度的影响超过流速的影响。

(5)氯离子

氯离子不仅破坏钢铁表面腐蚀产物膜或阻碍腐蚀产物膜的形成,同时会促使腐蚀产物膜下钢的点蚀。氯离子浓度大于 3×10^4 mg/L 时尤其明显。

8.2　管道的防腐

8.2.1　金属腐蚀的防护

金属腐蚀的防护包括保护层法、阴极保护、去除腐蚀性气体、隔氧技术等,下面主要介绍去除腐蚀性气体技术。

1）除氧

去除液相中的溶解氧是防腐技术中常见的一种，它包括热力学除氧和化学除氧。

（1）热力学除氧

根据气体的溶解定律（亨利定律）可知，气体在水中的溶解度与其在液面上的分压成正比，当温度上升，气水界面上的水蒸气分压逐渐增大，其他气体的分压降低，导致其在水中的溶解度下降而析出，这就是热力学除氧的理论依据。

热力法不仅可去除水中的氧气，还可去除其他的腐蚀性气体，如硫化氢和二氧化碳等。

（2）化学除氧

通过在水中加入化学试剂的方式去除其中的氧，要求化学试剂必须能迅速地与氧完全反应、反应产物和药品本身对系统运行无害等。常用的化学除氧剂有联胺、亚硫酸钠等。

联胺是一种还原剂，可将水中的溶解氧还原：

$$2N_2H_2 + O_2 \longrightarrow 2N_2 + 2H_2O$$

反应产物 N_2 和 H_2O 对系统运行无影响。在高温下，联胺可将三氧化二铁还原为四氧化三铁、氧化亚铁和铁；还能将氧化铜还原为氧化亚铜或铜。联胺的这些性质可用来防止锅炉内铁垢和铜垢的形成。

亚硫酸钠能与水中的溶解氧作用生成硫酸钠，导致水中盐含量上升，同时亚硫酸钠在高温下会分解为硫化钠、硫化氢、二氧化硫等，腐蚀设备，故亚硫酸钠只能用于中压或低压锅炉水处理。

2）化学去除硫化氢

化学氧化剂和醛类可去除水中的硫化氢。油田水系统中应用最普遍的氧化剂有氧、二氧化氯和过氧化氢，使用的醛类是丙烯醛和甲醛，这些药剂也可作为杀菌剂。

虽然上述药剂在酸性或中性水中都是良好的去除硫化氢的药剂，但化学氧化剂在用量很大时也会严重的腐蚀金属。硫化氢和氧化剂的最终反应生成物通常是胶体硫，本身具有极强的腐蚀性。除此之外，大多数水中存在很多能与氧化剂发生反应的物质，使得实际加量要高于理论值。

8.2.2　化学药剂缓蚀防腐

在腐蚀环境中，通过加入少量能阻止或减缓金属腐蚀的物质以保护金属的方法，称为缓蚀剂防腐。采用缓蚀剂，设备简单、使用方便、成本低、见效快，在油田中广泛应用，是十分重要的防腐方法之一。

1）缓蚀剂的分类

缓蚀剂的种类有很多（见表8.2），可将缓蚀剂按其对腐蚀过程的阻滞作用分类，也可按腐蚀性介质的状态、性质分类。

①按介质的状态、性质可分为液相缓蚀剂和气相缓蚀剂。

②按缓蚀剂的化学成分可分为无机缓蚀剂和有机缓蚀剂。

③按阻滞作用机理可分为阳极性受阻滞、阴极性受阻滞和混合型的缓蚀剂。

上述分类是对活性金属而言。对于活性——钝性金属，有促进钝化的缓蚀剂，也有促进阴极反应的缓蚀剂。腐蚀的二次产物所形成的沉淀膜，有时对阴极和阳极都有抑制作用，故称为混合型缓蚀剂。

表 8.2　缓蚀剂分类

缓蚀剂类别		缓蚀剂举例	保护膜特征
氧化膜性		铬酸盐 亚硝酸盐 钼酸盐 钨酸盐等	致密 膜较薄 与金属结合紧密
沉淀膜性	水中离子型	聚磷酸盐 硅酸盐 锌盐等	多孔 膜厚 与金属结合不太紧密
	金属离子型	疏基苯并噻唑 苯并三氮唑等	较致密 膜较薄
吸附膜性		有机胺 硫醇类 表面活性剂 木质素类 葡萄糖酸盐类等	在非清洁表面吸附性较差

当腐蚀介质是水时,缓蚀剂为水系统缓蚀剂,其区别于酸缓蚀剂、油气井缓蚀剂。用于水系统的缓蚀剂种类较多,效果差异大,一般按作用机理分类。

2)缓蚀剂的作用机理

目前缓蚀剂的作用机理尚无统一的认识,主要有以下 3 种理论:

(1)吸附理论

吸附理论认为缓蚀剂在金属表面形成连续的吸附层,将腐蚀介质与金属隔离因而起到保护作用。目前普遍认为,有机缓蚀剂的缓蚀机理是通过吸附实现的。这是因为油基缓蚀剂的分子由亲水的极性基团和憎水的非极性(有机)基团组成,根据极性相近理论,极性一端吸附在金属表面,而非极性一端向外定向排列,使得腐蚀介质被缓蚀剂分子挤出,隔绝了金属与腐蚀介质。

(2)成相膜理论

成相膜理论认为金属表面生成一层不溶性的络合物,这层不溶性络合物是金属缓蚀剂和腐蚀介质的离子相互作用的产物,如缓蚀剂氨基酸在盐酸中与铁形成络合物,覆盖在金属表面起保护作用。

(3)电化学理论

电化学理论从电化学角度分析,金属的腐蚀是在电解质溶液中腐蚀的阴极和(或)阳极反应过程,缓蚀剂通过阻滞其中一种或同时阻滞两种过程实现缓蚀作用,如铬酸盐在金属表面形成氧化膜,阻滞腐蚀过程。

3）影响缓释作用的因素

（1）浓度

浓度对缓蚀剂作用效果的影响分为以下两种情况：

①缓蚀效率随缓蚀剂浓度增加而增加。大多数有机和无机缓蚀剂，在酸性及浓度不大的中性介质中，都属于这种情况。但在实际使用中，考虑到成本因素，应从保护效果及减小缓蚀剂消耗量全面考虑来确定实际用量。缓蚀剂随浓度增加而增加缓蚀效果的情况存在极限，即在某一浓度下效果最好，如硫化二乙二醇在盐酸中，浓度大于 150 mg/L 时，腐蚀比未加缓蚀剂时要快，故缓蚀剂不能过量。

②当缓蚀剂用量不足时，不但无法起到缓蚀作用，反而会加速腐蚀过程，如在海水中加入的亚硝酸钠不足量，将导致碳钢腐蚀加快，发生孔蚀。属于这类的缓蚀剂大部分为氧化型缓蚀剂，如铬酸盐、重铅酸盐、过氧化氢等。采用不同类型的缓蚀剂，利用其各自作用机理不同，可产生协同效应，降低使用浓度。

（2）温度

①在较低温度范围缓蚀效果好，当温度上升，缓蚀效果显著下降。这是由于温度升高时，缓蚀剂吸附作用明显降低，大多数有机及无机缓蚀剂属于这种情况。

②在一定温度范围内对缓蚀及效果影响不大，但超过一定限度后使得缓蚀效果显著下降。用于中性水溶液和水中的不少缓蚀剂其缓蚀效率不会随温度的升高而改变；对于沉淀模型缓蚀剂，一般应在介质沸点以下使用。

③随温度升高，缓蚀效率也增高。这是由于温度升高时，缓蚀剂与金属间反应加速，快速形成吸附膜或钝化膜。

此外，温度对缓蚀剂的影响有时与缓蚀剂的水解因素有关，例如，温度升高促进磷酸盐水解，使其缓蚀效率降低。同时温度会降低水中溶解氧量，从而导致影响需溶解氧参与形成钝化膜的缓蚀剂（如苯甲酸钠）的效果。

（3）流动速度

①流速加快时，缓蚀效率低，甚至流速过快会加速腐蚀，如盐酸中的三乙醇胺和碘化钾。

②流速加快时，缓蚀效率提高，当缓蚀剂扩散不良而影响缓蚀效果时，流速增加促进缓蚀剂的扩散，使缓蚀剂均匀扩散到金属表面。

③介质流速的影响，在使用浓度不同时效果可能相反。

综上所述，由于缓蚀剂种类较多，作用机理不同，故在使用时应综合考虑具体使用环境及缓蚀机理，确定在实际温度、流速下的最佳缓蚀剂类型及浓度。

习 题

8.1　影响油腐蚀的因素有哪些？

8.2　硫化氢腐蚀与二氧化碳腐蚀有何异同？

8.3　化学缓蚀剂作用机理有哪些？

目前国内外大部分油田都采用注水开发,每生产1 t原油需2~3 t水,我国油田每年注水量已达6×10^8 m³,有注水站点200多个,注水处理站100多个。随着油田注水开发的进行,原油含水率不断上升,含油污水量越来越大。为保证注水质量,防止其腐蚀和堵塞所带来的危害,并使得含油污水经处理后得以回注,消除对环境的污染,提高石油开采的经济效益,需对油田水进行处理,故不断提高和改进其处理技术,对于石油开采具有重要意义。

油田污水主要有钻井污水、采油污水、作业污水(酸化、压裂等作业后排出的污水)、洗井污水和生活污水等,但其中采油污水的量最大,占油田污水总量的98%。采油污水的处理方式也具有代表性,故本章主要讨论油田注入水和采油污水的处理技术。

9.1 油田水性质及处理要求

9.1.1 油田水性质

1)pH 值

油田水的 pH 值是判断腐蚀与结垢趋势的重要因素之一。因为某些水垢的溶解与水的 pH 值有密切的关系,水的 pH 值越高,越易于结垢;若 pH 值较低,则结垢趋势减小。但结垢与腐蚀通常是一对矛盾,结垢趋势减小的同时,水的腐蚀性会增加。大多数油田水的 pH 值为4.0~8.0,但当硫化氢和二氧化碳溶于水后,由于硫化氢和二氧化碳都是酸性气体,会导致水的 pH 值降低。

2)悬浮固体含量

在已知体积的油田水中,用薄膜过滤器滤出的固体数量是估计水结垢趋势的一个重要依据。常用滤膜孔径为 0.45 μm 的过滤器。

3)浊度

浊度是水浑浊程度的量度,浊度高意味着水是不清洁的,含有较多悬浮物。水的浊度高也表示地层堵塞的可能性较大,因而浊度的测定也应是控制的一个重要水质指标,且可通过水的浊度测定,确定过滤器的性能。

4）温度

水温会影响水的结垢趋势、水的 pH 值及有关气体在水中的溶解度。同时，水温还会影响腐蚀性，一般而言，水温越高，腐蚀性越强。

5）相对密度

由于油田水中含有溶解的杂质（离子、气体等），因此，其密度较纯水密度高，其相对密度均大于 1.0。同时，油田水的相对密度也是水中溶解固体总量的直接标志，即比较几种水的相对密度，即可估计出溶解于水中固体的相对量。

6）溶解氧

溶解氧对油田水的腐蚀性和堵塞都有明显的影响，它不仅直接影响水对金属的腐蚀，而且水中若存在溶解的铁，氧气进入系统会使其被氧化进而沉淀，从而造成堵塞。

7）硫化物

油田水中的硫化物（主要是硫化氢）可能是自然存在于水中的，也可能是由于水中存在的硫酸盐还原菌（SRB）产生的，硫化氢的存在将促进腐蚀。此外，硫化物也会对堵塞产生一定的影响，这是由于硫化亚铁既是腐蚀产物，又是一种潜在的地层堵塞物。

8）细菌总数

由于油田水中细菌的存在，既可能引起腐蚀，又可能引起堵塞，因此需要测定和检测细菌生长的情况。除测定油田水中危害较大的硫酸盐还原细菌的数目外，还需测定细菌总数（TGB等）。

9.1.2　油田水主要杂质组分

由于我们对油田水中易于生成堵塞和发生腐蚀的组分更加关注，故应从这两点来分析水中的杂质组分。表 9.1 中列出了油田水中主要杂质组分，下面分别讨论这些组分对注入水的影响。

表 9.1　油田水中主要杂质组分

阳离子	阴离子
钙离子（Ca^{2+}）	氯离子（Cl^-）
镁离子（Mg^{2+}）	碳酸根（CO_3^{2-}）
铁离子（Fe^{3+}）	碳酸氢根（HCO_3^-）
钡离子（Ba^{2+}）	硫酸根（SO_4^{2-}）

1）阳离子组分

（1）钙离子

钙离子是油田水的主要成分之一，一般其浓度较低，但有时其浓度可高达 6×10^4 mg/L。由于钙离子能很快地与碳酸根或硫酸根结合形成沉淀而结垢或悬浮，故通常是造成地层堵塞的主要原因之一。

（2）镁离子

通常镁离子的浓度比钙离子低得多，但镁离子与碳酸根离子结合也会引起结垢和堵塞问题。不同的是虽然碳酸镁溶解度很低，但较碳酸钙高，故通常碳酸镁引起的结垢和堵塞不如碳酸钙严重。

（3）铁离子

地层水中天然含有的铁离子浓度很低,故水系统中检测到铁离子并达到一定量时,标志着存在金属腐蚀。在水中的铁以三价(Fe^{3+})或二价(Fe^{2+})离子形式存在,也可能以氢氧化物沉淀悬浮在水中,通常以铁的含量检验或监视腐蚀情况。应注意的是,铁的沉淀物会引起地层的堵塞。

（4）钡离子

钡离子在油田水中由于易与硫酸根结合生成硫酸钡沉淀,且溶解度极低,少量存在即可引起严重的地层堵塞,类似的是,油田水中的锶离子也会导致严重的结垢和堵塞。

2）阴离子组分

（1）氯离子

在采出的盐水中氯离子是主要的阴离子,在通常的淡水中也是一个主要组分。氯离子的主要来源是氯化钠等盐类,因此有时水中氯离子浓度被用来作为水中含盐量的量度。此外,由于氯离子是一个稳定成分,因此它的含量是鉴定水质较容易的方法之一。氯离子可能造成的影响主要是随水中含盐量的增加,水的腐蚀性随之增加。因此,在其他条件相同的情况下,水中的氯离子浓度增高更易引起腐蚀,尤其是点状腐蚀。

（2）碳酸根和碳酸氢根离子

由于这类离子易生成不溶解的水垢,因此需特别注意其在油田水中的含量。在水的碱度测定中,以碳酸根离子浓度表示的碱度为酚酞碱度,以碳酸氢根离子浓度表示的碱度为甲基橙碱度。

（3）硫酸根

由于硫酸根离子能与钙、尤其是与钡、锶等生成不溶解的水垢,因此其含量应特别注意。至于硫酸根离子对腐蚀的影响,至今尚无定论。

9.1.3 处理要求

为保证油田注入水质量,一般对其提出以下要求:

①运行条件下注入水不应结垢;

②注入水对水处理设备、注水设备和输水管线腐蚀性小;

③注入水不应携带超标的悬浮物、有机淤泥和油;

④注入水进入油层后不使黏土发生膨胀和运移;

⑤油田含油污水与其他供给水（如地下水、地面污水和地面水等）混注时,必须具备完全的可混性,否则须进行必要的处理;

⑥考虑油藏孔隙结构和喉道直径,要严格控制水中固相颗粒的粒径。

由于各油田或区块油藏孔隙结构和喉道直径不同,相应的渗透率也不相同,故注入水水质标准不尽相同,目前各主要油田都制定了本油田的注水水质标准,尽管各自差异较大,但都符合基本的行业标准《碎屑岩油藏注水水质指标及分析方法》(SY/T 5329—2012)。并且各级指标并非一成不变,需要在执行一段时间后总结实践效果,并加以改进。

表9.2 部分油田水质标准

注入层平均空气渗透率/mm²		<0.1			0.1~0.6			>0.6		
标准分级		A1	A2	A3	B1	B2	B3	C1	C2	C3
控制指标	悬浮固体含量/(mg·L⁻¹)	<1.0	<2.0	<3.0	<3.0	<4.0	<5.0	<5.0	<6.0	<7.0
	悬浮物颗粒直径中值/mm	<1.0	<1.5	<2.0	<2.0	<2.5	<3.0	<3.0	<3.5	<4.0
	含油量/(mg·L⁻¹)	<5.0	<6.0	<8.0	<8.0	<10.0	<15.0	<15.0	<20	<30
	平均腐蚀率/(mm·a⁻¹)	<0.076								
	点腐蚀	A1、B1、C1级:试片各面都无点腐蚀 A2、B2、C2级:试片有轻微点腐蚀 A3、B3、C3级:试片有明显点腐蚀								
	SRB菌/(个·mL⁻¹)	0	<10	<25	0	<10	<25	0	<10	<25
	铁细菌/(个·mL⁻¹)	$n \times 10^2$			$n \times 10^3$			$n \times 10^4$		
	腐生菌/(个·mL⁻¹)	$n \times 10^2$			$n \times 10^3$			$n \times 10^4$		

注:①$1 < n < 10$;清水水质指标中去掉含油量。

9.2 固相的去除

油田常用的注入水固相含量的控制方法有:沉降法、稀释法、机械设备法、化学控制法。目前油田大多数使用化学试剂配合物理沉降和过滤的方法,本节主要介绍化学控制法中的主要试剂——絮凝剂及助凝剂。

9.2.1　絮凝剂种类及常用絮凝剂

絮凝剂一般分为无机及有机两大类。无机型絮凝剂包括铝岩(硫酸铝、明矾、聚合氯化铝)、铁盐(硫酸亚铁、硫酸铁、三氯化铁)、碳酸镁。有机型絮凝剂包括人工合成(聚丙烯酸钠、聚乙烯吡啶盐、聚丙烯酰胺)、天然高分子(淀粉、树胶、动物胶等)。

常用絮凝剂有:

1)硫酸铝

常用的铝盐絮凝剂主要是硫酸铝或精制硫酸铝、明矾等,明矾的主要成分也是硫酸铝。通过铝盐在水中水解,形成氢氧化铝絮状胶体,利用其絮状胶体的吸附作用聚集固相颗粒或油珠,加速固相或油珠的沉淀或上浮。

铝盐在水中水解过程较复杂,在形成氢氧化铝絮状胶体前,有形成三价铝离子的过程,该过程要求水体 pH 值在 7 以上,若水的 pH 值较低,可加入氧化钙调节。

2)聚合氯化铝

聚合氯化铝又称碱式氯化铝,代号 PAC,其化学式为 $[Al_2(OH)_nCl_{6-n}]_m$,其中 n 可为 $1\sim5$ 的整数,m 为 $1\sim10$ 的整数。其中 OH 原子团数和铝原子数的比值对絮凝效果影响较大。一般用碱化度 B 表示,$B=[OH]/3[Al]\times100\%$,要求聚合氯化铝的 B 值为 $40\%\sim60\%$。

聚合氯化铝絮凝效果优于硫酸铝,原因是:硫酸铝的絮凝过程包括了水解过程中的铝离子和水解产物氢氧化铝胶体的作用,而聚合氯化铝可直接供给相对分子质量较大且带正电荷数较高的聚合离子,且聚合氯化铝的相对分子质量较大,絮凝后形成的体积较大,更适于携带更多油珠上浮或固相颗粒下沉。

3)铁盐

铁盐包括硫酸亚铁、硫酸铁及三氯化铁。油田污水处理常用亚铁盐,其类似于铝盐在水中电离,产生氢氧化亚铁絮状胶体吸附油珠或固相颗粒,加速油珠或固相的上浮或沉淀。由于污水中一般不含或少含溶解氧,故只生成亚铁盐胶体。

4)高分子絮凝剂

高分子絮凝剂一般都是线型高分子聚合物,将其溶解在水中能形成大量的线型高分子。高分子的凝聚作用与其所带基团、离解程度及相对分子质量有密切的关系,其作用机理为:带电基团中和乳化油滴的电荷;通过高分子的长链将细小颗粒或油珠吸附后缠在一起的架桥作用,阴离子和非离子型聚合物的絮凝机理即属于此类作用。

5)天然高分子絮凝剂

很多天然高分子物质(如树胶、淀粉、纤维素、蛋白质、藻类等)都有絮凝和助凝的作用,比较有效的有海藻酸钠、木刨花、榆树根、松树籽等,在使用时应注意以下 3 点:

①检验该物质是否存在毒性。

②研究其分子结构和作用机理,以便指导后续人工合成。

③研究提取和保存有效成分的方法。

9.2.2　助凝剂

按目前所用的助凝剂及其在絮凝过程中所起的作用大致可分为两类:

1)调节 pH 值

絮凝过程在一定的 pH 值范围内最有效,pH 值过低可加入石灰等碱性助凝剂,pH 值过高可加入硫酸等酸性助凝剂。

2)加大矾花的粒度、相对密度及结实性

当污水结果自然除油后,悬浮物以泥沙为主,希望通过下沉去除时,可加入水玻璃助凝剂,通过硫酸作为活化剂,加酸 6~8 h,待溶液变成乳白色,便可使用。酸的用量可按酸化度计算:

$$酸化度 = \frac{硫酸质量}{水玻璃中 Na_2O 的质量} \times 100\%$$

9.3　油田水的防垢和除垢

结垢是油田水水质控制过程中常见的问题。结垢可发生在地层和井筒的各个部位,例如,在井筒炮眼的生产层内结垢,导致油井过早废弃。结垢会造成严重的危害:水垢是热的不良导体,水垢的形成会极大地降低传热效率;水垢的沉积会引起设备和管道的局部腐蚀,使其发生穿孔而损坏;水垢还会降低水流的截面积,增大水流阻力和输送能力,增加了清洗费用和停产检修时间。

9.3.1　油田水常见的水垢类型及影响因素

油田水常见的水垢类型及影响因素见表9.3。

表9.3　油田水常见的水垢类型及影响因素

名　称		化学式	结垢的主要因素
碳酸钙		$CaCO_3$	CO_2 分压、温度、含盐量、pH 值
硫酸钙		$CaSO_4 \cdot 2H_2O$	温度、压力、含盐量
		$CaSO_4$	
硫酸钡		$BaSO_4$	温度、含盐量
硫酸锶		$SrSO_4$	
铁化合物	碳酸亚铁	$FeCO_3$	腐蚀、溶解气体、pH 值
	硫化亚铁	FeS	
	氢氧化亚铁	$Fe(OH)_2$	
	氢氧化铁	$Fe(OH)_3$	
	氧化铁	Fe_2O_3	

1)碳酸钙

碳酸钙是一种重要的成垢物质,它在水中的溶解度很低,其在水中处于溶解与沉淀的平衡状态:

$$Ca^{2+} + CO_3^{2-} \longleftrightarrow CaCO_3$$

而水中的 CO_3^{2-} 要同时参与碳酸平衡和碳酸钙溶解平衡,故油田水中碳酸钙的溶解平衡可以用下式表示为:

$$CaCO_3 + CO_2 + H_2O \longleftrightarrow Ca(HCO_3)_2$$

当反应达到平衡时,油田水中溶解的碳酸钙、二氧化碳和碳酸氢钙量保持不变,这时不会在管道、用水设备和油井的岩隙中产生结垢现象,影响碳酸钙溶解平衡的因素如下:

(1)二氧化碳

当油田水中二氧化碳含量低于碳酸钙溶解平衡所需含量时,反应向生成碳酸钙方向进行,出现碳酸钙沉淀,在管道、用水设备和岩隙中结垢;而当油田水中二氧化碳含量高于碳酸钙溶解平衡所需含量时,反应向生成碳酸氢钙方向进行,原有的碳酸钙逐渐溶解。而水中二氧化碳的含量与水面上二氧化碳分压成正比,故在油田水系统中发生压力下降的部位,造成气相中二氧化碳分压降低,二氧化碳从水中逸出,导致形成碳酸钙沉淀。

(2)温度

由于大多数盐类的溶解度都随温度的升高而增大,但碳酸钙、硫酸钙和硫酸锶等是反常溶解度的难溶盐类,在温度升高时其溶解度反而下降,即水温较高时会形成更多的碳酸钙垢。

(3)pH 值

在低 pH 值范围内,水中只有 CO_2 和 H_2CO_3;在高 pH 值范围内只有 CO_3^{2-};而 HCO_3^- 在中等 pH 值范围内占绝对优势,尤其在 pH = 8.34 时为最大。故 pH 值较高会加剧结垢,而 pH 值较低时,不易结垢。

(4)含盐量

在含有氯化钠或其他非碳酸钙盐类的油田水中,当含盐量增加时,使得水中的离子浓度增加,由于离子间静电相互作用,使 Ca^{2+} 和 CO_3^{2-} 的活动性减弱,降低了 Ca^{2+} 和 CO_3^{2-} 在碳酸钙固体上的沉淀速度,而溶解速度不变,使得碳酸钙的溶解度增大,即为溶解的盐效应。若水中含 Ca^{2+} 或 CO_3^{2-} 时,会导致平衡反应向生成沉淀方向转移,降低碳酸钙的溶解度。

2)碳酸镁

碳酸镁是另一种形成水垢的物质,碳酸镁在水中的溶解性和碳酸钙相似,其溶解反应为:

$$MgCO_3 + CO_2 + H_2O \longleftrightarrow Mg(HCO_3)_2$$

与碳酸钙相同,碳酸镁在水中的溶解度随水面上的二氧化碳分压的增大而增大,随温度的上升而减小。但是碳酸镁的溶解度大于碳酸钙,故对于大多数既含有碳酸镁同时又含有碳酸钙的水来说,任何导致碳酸钙和碳酸镁溶解度下降的条件出现时,会首先生成碳酸钙垢,除非影响溶解度减小的条件剧烈变化,否则碳酸镁垢未必会生成。

碳酸镁在水中易水解为氢氧化镁,而水解反应生成的氢氧化镁溶解度很小,同时其也是一种反常溶解度物质(即其溶解度随温度升高而降低)。故含有碳酸钙和碳酸镁的水,当温度上升到82 ℃时,趋于生成碳酸钙垢;当温度超过82 ℃时,开始生成氢氧化镁垢。

3)硫酸钙

硫酸钙是油田水另一种常见的固体沉淀物。硫酸钙通常直接在输水管道、锅炉和热交换器等设备的金属表面上沉积而形成水垢。硫酸钙晶体较碳酸钙小,导致其形成的垢更坚硬和致密。当硫酸钙用酸处理时,并不像碳酸钙那样有气泡产生,常温下很难去除。硫酸钙一般有 3 种形态:带有两个结晶水的硫酸钙(石膏,$CaSO_4 \cdot 2H_2O$)、半水硫酸钙(半水石膏,$CaSO_4 \cdot 1/2H_2O$)、

无水硫酸钙(硬石膏)。影响硫酸钙溶解度的因素如下:

(1)温度

硫酸钙在水中的溶解度比碳酸钙大得多,例如,在25 ℃蒸馏水中的溶解度是2 080 mg/L,比碳酸钙大几十倍。且硫酸钙在油田水中的形态与温度有关,小于40 ℃时基本为石膏,大于40 ℃时可能出现无水石膏。随着温度上升,其溶解度逐渐下降,在较深和较热的井中,硫酸钙主要以无水石膏的形式存在。

(2)含盐量

含有氯化钠和氯化镁的水对硫酸钙的溶解度有明显影响。硫酸钙在水中的溶解度不仅与氯化钠的浓度有关,还与氯化镁的浓度有关。当水中只有氯化钠、其浓度在2.5 mol/L以下时,氯化钠浓度的增加会使得硫酸钙溶解度增大,但氯化钠浓度进一步增大,又会使得硫酸钙的溶解度减小。同时,当水中氯化钠浓度在2.5 mol/L以下时,加入少量镁离子会使得硫酸钙溶解度增大,但氯化钠浓度大于2.5 mol/L时,加入少量镁离子又会使得硫酸钙溶解度减小,当氯化钠浓度大于4 mol/L时,镁离子对硫酸钙溶解度没有影响。

(3)压力

硫酸钙溶解度随压力增大而增大。压力增大导致硫酸钙溶解度增大是物理原因,增大压力使得硫酸钙分子体积减小,然而要使分子体积发生较大的变化,需要大幅度增加压力。例如,无水石膏在100 ℃和0.1 MPa下,在蒸馏水中的溶解度为0.075%(质量分数),当压力增到10 MPa时,溶解度约增至0.09%。

4)硫酸钡、硫酸锶

(1)硫酸钡

硫酸钡是油田水中最难溶解的一种物质,在25 ℃下,其在蒸馏水中的溶解度为2.3 mg/L,碳酸钙为53 mg/L。由于其溶解度极低,故水中只要存在钡离子和硫酸根离子,就会生成硫酸钡垢。影响其溶解度的因素如下:

①温度。硫酸钡的溶解度随温度升高而增大,但即使是在高温下,其溶解度依然很低,例如,在25 ℃下,其在蒸馏水中的溶解度为2.3 mg/L,当温度升至95 ℃时,其溶解度为3.9 mg/L。

②含盐量。硫酸钡的溶解度随水中含盐量的增加而增加,例如,在25 ℃下,氯化钠浓度为100 mg/L时,硫酸钡的溶解度由2.3 mg/L增至30 mg/L。

(2)硫酸锶

硫酸锶也是油田水中常见的水垢,其在25 ℃下、蒸馏水中的溶解度为114 mg/L,其影响因素与硫酸钡类似。通常在硫酸钡垢中约含有15.9%的硫酸锶。

5)铁沉积物

油田水中铁化合物来自两个方面:一是水中溶解的铁离子;二是钢铁的腐蚀产物。油田水的腐蚀通常是由溶解的二氧化碳、硫化氢和氧引起的,溶解气与地层水中溶解的铁离子反应也会生成铁化合物。每升地层水中铁含量通常为几毫克,很少达到100 mg/L。水中含铁量高通常是由于腐蚀造成的,以任何形式形成的铁化合物,都可在金属表面沉积形成垢,或以胶体形式悬浮在水中。含有氧化铁(Fe_2O_3)胶体的水呈红色,含有硫化亚铁胶体的水呈黑色。铁化合物的沉积和颗粒极易堵塞地层、油井和过滤器。

铁离子在水中有三价(Fe^{3+})和二价(Fe^{2+})两种离子。水的pH值直接影响铁离子的溶解度,当水的 pH≤3.0 时,三价铁离子可大量的溶于水,一旦 pH≥3.0 时,三价铁离子会形成不溶性的氢氧化铁,水中不再有游离态的三价铁离子存在。水中二价铁离子的溶解度可由氢氧根离了浓度或碳酸氢根离子浓度来控制。当 pH=8 时,二价铁离子在水中的理论浓度为 100 mg/L,当 pH=7 时,二价铁离子在水中的理论浓度可达 10 000 mg/L。若水中含有二氧化碳,由于二价铁离子溶解度受碳酸氢铁溶解度的限制,故当水中重碳酸盐浓度为 25 mg/L、溶液 pH 值为 7~8 时,水中二价铁离子理论浓度为 1~10 mg/L。

故含有铁离子的地层水可能会产生碳酸亚铁、硫化亚铁、氢氧化亚铁、氢氧化铁、氧化铁等沉积物,造成结垢。影响结垢趋势的因素有硫离子浓度、碳酸根离子浓度、溶解氧浓度及水的 pH 值。

此外,地层中存在的铁细菌也会加剧腐蚀和结垢,其可以在含氧量小于 0.5 mg/L 的系统中生长,其生长过程能将二价铁离子氧化为三价铁离子并形成氢氧化铁沉淀。铁细菌虽不直接参与腐蚀过程,但能造成腐蚀和结垢堵塞。

6)硅沉积物

天然水中都含有一定量的硅酸化合物,通常是由于含有硅酸盐和铝硅酸盐的岩石遇水溶解而形成的。地下水的硅酸化合物含量一般要高于地面水中的含量。二氧化硅不能直接溶于水,水中的二氧化硅主要来自于溶解的硅酸盐。水中二氧化硅存在的形式主要有悬浮硅、胶体硅、活性硅、溶解硅酸盐和聚硅酸盐等。过量的硅酸盐溶于水中,最终都将以无定形的二氧化硅析出,析出的二氧化硅以胶体粒子悬浮于水中,并不会形成硅垢沉积物,只有当水中含有钙、镁、铝、铁等金属离子时,才会形成坚硬的硅酸盐垢,二氧化硅在此起晶核的作用,促进硅酸盐垢的形成。

9.3.2　控制油田水结垢的方法

控制油田水结构的方法主要是通过控制油田水的成垢离子或溶解气体,也可投加化学药剂以控制垢的形成过程。因为油田水数量大且质量较差,所以选择阻垢剂时必须综合考虑使用方法、投资和经济效益。

1)控制 pH 值

降低水的 pH 值会增加铁化合物和碳酸盐垢的溶解度,而在 pH 值对硫酸盐垢溶解度的影响很小。然而,过低的 pH 值会使得水的腐蚀性增加而出现腐蚀问题。控制 pH 值来防止油田水结垢的方法,必须做到精确控制 pH 值,否则会引起严重的腐蚀和结垢。由于油田水数量大,做到精确控制 pH 值比较困难,故通过控制 pH 值来阻垢的方法,只有在改变很小的 pH 值就可明显阻垢的油田水中才有实际意义。

2)去除溶解气体

油田水中的溶解气(如氧、二氧化碳、硫化氢等)可生成不溶性的铁化合物、氧化物和硫化物。这些溶解气不仅是影响结构的因素,还是影响金属腐蚀的因素,采用物理或化学方法去除溶解气效率较高。

3)防止不配伍的水混合

配伍性是指不同水混合后不会产生沉淀结垢的现象。各种单独使用可以稳定、不结垢的地层水混合在一起时,可能由于各水中溶解的离子反应形成不溶解的垢。在注水前,分析注入水和地层水、不同注入水所含离子的成分,进行敏感性实验,可防止由于水的不配伍而导致结垢现象。

9.3.3 化学防垢及除垢剂

1) 化学防垢方法

(1) 油田常用的防垢剂

①无机磷酸盐,主要有磷酸三钠(Na_3PO_4)、焦磷酸四钠($Na_4P_2O_7$)、三聚磷酸钠($Na_5P_3O_{10}$)、十聚磷酸钠($Na_{12}P_{10}O_{31}$)等。这类药剂成本低,防碳酸钙垢较有效;但该类药剂易生成正磷酸,可与钙离子反应生成不溶性的磷酸钙,其水解速度随温度升高而加快,故其使用温度不能高于80 ℃。

②有机磷酸及其盐类,主要有氨基三甲叉磷酸(ATMP)、乙二胺四甲叉磷酸(EDTMP)、羟基乙叉二磷酸钠(HEDP)等。这类药剂不易水解,使用温度可达100 ℃以上,且加药量较低,有较好的防垢效果。

③聚合物,主要有聚丙烯酸钠(PAA)、聚丙烯酰胺(PAM)、聚马来酸酐(HPMA)等。其中PAM防止硫酸钙及硫酸钡垢比较有效。

④复配型复合物,将几种不同的单一防垢剂按一定比例混合,在保证其间无抵消作用,且可发挥各自特点的都可配制成复合物使用。

(2) 化学防垢机理

①分散作用。低相对分子质量的聚合物,一般有较高的电荷密度,可产生离子间排斥。共聚物还具有表面活性剂的特性,可将胶体颗粒包裹起来随水流携带走,胶体颗粒的核心也包括硫酸钙和碳酸钙等晶体,从而起防垢作用。

②螯合和络合作用。防垢剂将能产生沉淀的金属离子变成可溶性的螯合离子或络合离子,从而抑制金属离子和阴离子(碳酸根、硫酸根等)结合产生沉淀,典型的有 ATMP 和 EDTA(乙二胺四乙酸)。

③絮凝作用。将水中含有的碳酸钙及硫酸钙晶体的胶体颗粒吸附在高分子聚合物的链条上结成矾花悬浮在水中,起阻垢作用,典型的有 PAM 和聚丙烯酸钠。

④晶体变形作用。在形成晶体垢的过程中,有高分子聚合物进入晶体结构,破坏晶体正常生长、发生畸变,使得晶体不再增大,从而阻止或减轻结垢。

2) 化学除垢法

化学除垢法通常有3种:一是对于水溶性或酸溶性水垢,可直接用淡水或酸液进行处理;二是用垢转化剂处理,将垢转化为可溶于酸的物质,再以无机酸处理;三是用除垢剂直接将垢转化为水溶性物质予以清除。

(1) 水溶性水垢

最普通的水溶性水垢是氯化钠,可用低矿化度水使其溶解,不宜用酸。若石膏是新生成的和多孔的,则可用含有 55 g/L 的氯化钠溶液进行循环,使石膏溶解。

(2) 酸溶性水垢

所有的水垢中以碳酸钙居多,为酸溶性。盐酸和醋酸可用来去除碳酸钙水垢,也可用甲酸和氨基磺酸去除。在低于 93 ℃ 的温度下,醋酸不会损害镀铬表面,但盐酸会腐蚀镀铬表面。酸溶性水垢还包括碳酸亚铁、硫化亚铁等,可用含有多价螯合剂的盐酸来消除铁垢,多价螯合剂可保护铁离子直至随水排出地层。

（3）不溶于酸的水垢

唯一不溶于酸的水垢是硫酸钙，可通过将其转化为碳酸钙或氢氧化钙这类可溶于酸的物质，再去除。采用的垢转化剂有碳酸氢铵、碳酸钠、氢氧化钾等。

（4）新型除垢剂

新型除垢剂主要有以下 6 种：

①水溶性盐类，如马来酸二钠盐，可将硫酸钙转化为水溶性物质，添加润湿剂或有机溶解剂可增加作用效果。

②葡萄糖酸盐（钠、钾）、氢氧化钠（钾）和碳酸钾（钠）的混合溶液，可除去硫酸钙，生效较快。

③酸和矾催化剂，用以去除被包裹的硫化物沉积垢，以无机酸（多是盐酸）、五氧化二钒、羟酸的混合液形式使用。可用砷酸盐、硫脲等缓蚀剂缓解酸蚀效果。

④双硫醚，用以去除硫化物沉积垢，可用脂肪胺增效。

⑤双大环聚醚和有机酸盐，溶于水后可去除硫酸钡垢。

⑥羟甲基单大环状聚胺，溶于水后可去除硫酸钙、硫酸钡垢。

习题

9.1　简述油田水处理的目的和意义。

9.2　影响油田水腐蚀的因素有哪些？

9.3　油田常见的水垢有哪些？

9.4　简述防垢剂的作用机理。

第**10**章
天然气处理技术

天然气是从地层中采出的可燃气体，主要包括饱和烃气体(如甲烷、乙烷、丙烷、丁烷等)，并含有少量非烃类气体(如二氧化碳、硫化氢、硫醇等)。天然气作为一种重要的油气资源，需要进行一系列的处理才能加以开发利用。本章主要介绍天然气杂质去除技术和天然气水合物抑制技术。

10.1 天然气去除杂质技术

10.1.1 天然气脱水

1)天然气含水的危害

在地层条件下，天然气是与地层水接触的，因此天然气总会含有一定数量的水蒸气及酸性气体，这些物质的存在可能引起下列危害：

①在硫化氢和二氧化碳等酸性气体的存在下，水蒸气冷凝后，可使管道产生严重腐蚀。

②天然气可与水在一定条件下形成固态水合物堵塞管道。

③用低温分离法回收天然气中的轻烃时，水蒸气会冷凝成水进而结冰，也会引起管道的堵塞。

因此，应根据不同的要求，采取合理的方法将天然气中的含水率降低到符合工艺要求的水平。

2)天然气含水量的表示方法

天然气的含水量可用绝对湿度和相对湿度表示。

天然气的绝对湿度是指单位体积天然气中所含水蒸气的质量，单位是 g/m^3。若在一定条件下天然气与水达到相平衡，则这时天然气的绝对湿度所对应的天然气含水量即为天然气中水蒸气的饱和含量。而天然气的相对湿度是指天然气的绝对湿度与天然气中水蒸气的饱和含量之比。

天然气的含水量也可用天然气的水露点表示。它是指在一定压力下，与天然气绝对湿度相等的天然气中水蒸气的饱和含量所对应的温度。因此，天然气的水露点越低，天然气的含水量越少，为保证天然气的正常输送，要求输送的天然气的水露点必须比输气管道沿线的环境温度低 5～15 ℃。

10.1.2　天然气脱水

天然气脱水常见的有 3 种方法,分别是降温法、吸附法和吸收法。

1)降温法

随天然气温度的降低和压力的升高,天然气中水蒸气饱和含量逐渐降低,因此可以采用降温的方法使得天然气中的水蒸气凝结、去除。天然气降温脱水的温度必须比管输天然气的水露点温度低 5～7 ℃。

2)吸附法

通过选用比表面积大、孔隙度高、对水有选择性、热稳定、化学稳定、有一定机械强度、易再生使用、成本低的固体作为吸附剂。

常用的吸附剂有活性氧化铝、硅胶和分子筛(指结晶态的硅酸盐或硅铝酸盐,由硅氧四面体或铝氧四面体通过氧桥键相连而形成分子尺寸大小,通常为 0.3～2.0 nm 的孔道和空腔体系,从而具有筛分分子的特性),其中分子筛由于具有晶体多孔体的均一微孔结构,且微孔直径与水分子直径(0.288 nm)接近,同时分子筛具有极性,故其吸水能力优异,经分子筛脱水后的天然气含水量可低达 0.1～10 g/m^3。

吸附过的吸附剂,可通过通入热天然气脱去吸附在表面的水,达到再生的目的。

3)吸收法

吸收法是指通过选用对水溶解度高、对天然气溶解度低、热稳定、化学稳定、黏度低、蒸汽压低、起泡和乳化倾向小、无腐蚀性、易再生、成本低的溶剂作为吸收剂,脱去天然气中水蒸气的方法。

常用的吸收剂为甘醇,主要使用其中的二甘醇、三甘醇和四甘醇,这些吸收剂通过氢键与水结合,脱去天然气中的水,同时甘醇的沸点远比水高,可通过蒸馏和气提的方法将甘醇再生。

10.1.3　天然气脱酸性气体

天然气中的酸性气体主要是硫化氢和二氧化碳。硫化氢的存在会加重管线和设备的腐蚀、污染环境并使得后续加工过程中的催化剂中毒。二氧化碳的存在,除了会增加管线和设备的腐蚀外,还会减少天然气的热值(单位体积天然气燃烧产生的发热量)。因此,应脱去其中的酸性气体。

在脱去天然气中硫化氢和二氧化碳的同时,其他硫化物(如二硫化碳、硫氧化碳、硫醇等)也被脱除。

天然气脱除酸性气体主要通过吸附和吸收实现。

1)吸附法

利用吸附剂脱除酸性气体,可用到下列两类吸附剂:

(1)化学吸附剂

利用与酸性气体的反应吸收酸性气体,现场常用的化学吸附剂是海绵铁,其化学成分为氧化铁(Fe_2O_3),它对硫化氢有特殊的选择性,当硫化氢在其上吸附时,发生化学反应,生成硫化铁(Fe_2S_3)和水。吸附后,可通过通入氧气的方法,使其再生。

海绵铁虽然可与二氧化碳反应,但反应不彻底,不能脱除二氧化碳。除海绵铁外,还可用氧化锌、氧化钙作为化学吸附剂,但这些化学吸附剂无法再生。

(2)物理吸附剂

通过物理吸附的方式脱除酸性气体,现场主要使用的物理吸附剂是分子筛,由于需吸附酸性气体,故分子筛需要具有耐酸性。分子筛的耐酸性与其组成中硅铝比密切相关,即分子筛中二氧化硅和三氧化二铝的物质的量之比,通常为 2.0 ~ 2.5,而耐酸的分子筛硅铝比为 4 ~ 10。吸附了酸性气体的分子筛,可用热天然气使其再生。除此之外,还可使用活性炭和硅胶作为物理吸附剂。

2)吸收法

吸收剂也可分为化学吸收剂和物理吸收剂两类。

(1)化学吸收剂

一乙醇胺是现场常用的化学吸收剂,它可在低温(25 ~ 40 ℃)下将酸性气体吸收除去。吸收酸性气体后,可通过升温(高于 150 ℃)和气提的方法,脱除其中的酸性气体,再生使用。

类似一乙醇胺的化学吸附剂,还有二乙醇胺(DEA)、甲基二乙醇胺(MDEA)、三异丙醇胺(DIPA)、三乙醇胺(TEA)。用醇胺吸收酸性气体的方法称为醇胺法,醇胺一般配制成 10% ~ 30%(质量分数)浓度的水溶液。

氢氧化钠水溶液也吸收酸性气体,但无法再生。

(2)物理吸收剂

可用的吸收剂有环丁砜、碳酸丙二醇酯、三乙酸甘油酯等,其利用溶解酸性气体的方法,除去酸性气体,然后可通过加热气提的方法再生。

10.2 天然气水合物的形成与抑制

天然气水合物是由天然气和水在低温高压下形成的类似冰状的白色固体物质,外观上呈透明—半透明、白—灰—黄互生晶体,广泛分布在海洋陆棚及斜坡的沉积物中和陆地永久冻土地带,由于其含有大量甲烷或其他烃类气体分子,极易燃烧,燃烧后不产生残渣或废物,故又称为可燃冰或甲烷水合物。

10.2.1 天然气水和物结构及性质

天然气水合物是由甲烷、乙烷、丙烷、异丁烷、正丁烷及氮气、二氧化碳、硫化氢等分子在一定温度、压力条件下,与游离水结合形成的结晶笼状固体。其中水分子(主体分子)借助氢键形成主体结晶网格,晶格中的孔穴充满轻烃或非轻烃分子(客体分子),主体分子和客体分子间以范德华力形成稳定性不同的水合物,其稳定性与结构、客体分子大小、种类及外界条件等因素有关。

目前比较公认的形成天然气水合物的温度压力条件是:温度为 2.5 ~ 25 ℃,若 C_{2+} 重烃和非烃类杂质含量增加,则温度范围可拓宽;压力一般为 5 ~ 40 MPa。已发现的天然气水合物的微观结构有 3 种,即 I 型、II 型和 H 型结构。石油天然气工艺中的天然气水合物一般为 I 型、II 型,3 种天然气水合物晶体结构和相应的笼如图 10.1 所示。

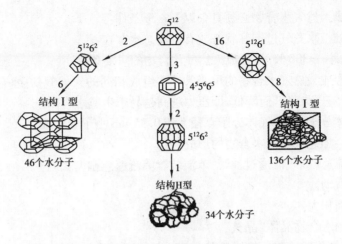

图 10.1　3 种天然气水合物晶体结构和相应的笼

(注:图中 $5^{12}6^2$ 表示由 12 个五边形和 2 个六边形组成晶格)

据估算,水合物中水分子和气体分子的摩尔分数分别占 85% 和 15%,其密度与冰大致相等,但硬度和剪切模量小于冰,热导率和电阻率远小于冰且具有多孔性。其化学成分不稳定,通式为 $M \cdot nH_2O$,M 代表水合物中的气体分子,n 为水分子数。

10.2.2　天然气水合物形成机理及影响因素

1)天然气水合物形成机理

天然气水合物形成过程类似于盐类的结晶过程,但与一般盐类结晶是溶质以晶体形式从母液中析出不同,而是由于冷度或过饱和度引起的亚稳态结晶,包括水合物成核和生长两个阶段。

水合物成核过程是指晶核形成并生长到具有临界尺寸和稳定水合物晶核的过程;生长过程是指已形成的稳定晶核生长到固态水合物晶体的过程。在实现结晶成核大量出现并形成水合物的快速生长之前有相当长一段时间,系统的宏观特征不会发生大的变化,这一现象称为诱导现象,可用诱导时间来描述。

目前为止,认为天然气水合物形成机理可分为:气体分子的溶解过程,即气体分子溶于水中;水合物骨架形成的过程,即气体分子的初始形成过程,溶解到水中的气体分子和水形成一种类似于冰的碎片的天然气水合物基本骨架,这种骨架通过结合形成另一种不同大小的空腔;气体分子的扩散过程,即气体分子扩散到水合物基本骨架中的过程;气体分子被吸附的过程,即天然气气体分子在水合物骨架中进行有选择性的吸附,从而使水合物晶体增长的过程。

2)天然气水合物影响因素

天然气水合物的生成条件属于热力学相态研究范畴,它可通过实验测定,也可通过模型估计。研究表明,生成天然气水合物需要一定的温度和压力条件,有学者指出,只有当系统中气体组分的压力大于其水合物的分解压力时,含饱和水蒸气的气体才有可能自发生成水合物。

而对于温度而言,每种密度的天然气,在每个压力下都有一个相对应的水合物生成温度。对于密度相同的天然气,压力越高,可生成水合物的温度上限越高;压力相同时,天然气相对密度越高,水合物的生成温度越高;温度相同,天然气相对密度越高,生成水合物的压力越低。此外,气体温度上升到一定程度后,无论多大的压力也不会生成水合物,这一温度称为水合物的临界温度。故生成天然气水合物必须具备以下4个条件：

①气体必须处于水蒸气过饱和状态或有游离态水存在。

②低温(通常小于300 K)是形成天然气水合物的重要条件。

③高压也是形成天然气水合物的重要条件。组成相同的天然气，其水合物生成的温度随压力升高而升高，随压力降低而降低，即压力越高越易于生成水合物。

④合适的气体分子，要求气体分子直径大于0.35 nm小于0.9 nm。

而以下因素会加速天然气水合物的形成：

①高的气体流速(当气流通过油管、节流装置等流速急剧增大时)。

②压力发生波动。

③气水接触面积大。

④存在微小的水合物晶体"晶核"。

⑤硫化氢、二氧化碳等酸性气体的存在(相对天然气，它们更易于溶于水)。

影响天然气水合物生成的因素分为内因和外因，分别如下：

①天然气组分(内因)。组分不同，形成水合物的温度和压力不同，特别是酸性气体，会使得天然气水合物易于形成。

②搅拌速度(外因)。搅拌速度越高，形成天然气水合物的温度越高(易于形成)。

③电解质(内因)。含电解质的水溶液，其水合物形成温度会降低。

④生产系统(外因)。气体产量、地温梯度、油管直径及系统密封性等。

10.2.3　天然气水合物危害

天然气水合物形成后主要的危害有：

①天然气水合物在地层多孔介质中形成，会堵塞油气井、降低油气藏的孔隙度和相对渗透率、改变油气藏的油气分布和地层流体流向井筒的渗流规律，降低油气井产量。

②天然气水合物在井筒中形成，可能造成井筒的堵塞。

③天然气水合物在管道中形成，会堵塞管道，从而引起压力和流量计量的错误、减小天然气输量、增大管线压差甚至损坏管线。

10.2.4　天然气水合物防治方法

根据天然气水合物的形成条件，可得到4种天然气水合物的防治方法：

(1)降低管输压力

使其低于管输温度下的天然气水合物形成压力。降压法既可用于防止脱去水合物的生成，也能用于排出已经生成的天然气水合物。对于输气管线中经形成的天然气水合物，其解决途径就是通过放空管放空。降压后必须经过一段时间(几秒到几小时)，以分解天然气水合物。需要注意的是，当放空降压来分解输气管道中已形成的天然气水合物时，必须在环境温度高于0 ℃以上的条件下进行，否则，天然气水合物分解后产生的水又会转化为冰而堵塞管道。

(2)提高管输温度

使其高于管输压力下的天然气水合物形成温度。在维持原来的压力状态下通过加热(保温)使天然气的流动温度高于天然气水合物的形成温度，从而防止其形成。对于高压气体可采用加热的方法，井场常用蒸汽逆流式套管换热器和水套加热炉在节流前加热天然气。对于高温气体可采用保温的方式,通常是采用包裹绝热层或掩埋管道来降低管道的热量损失。

(3)对天然气水合物及凝析液进行脱水干燥处理

使天然气中水蒸气露点低于管输温度。脱除天然气中的水是防止水合物生成的根本途径。常用的天然气脱水方法主要有低温分离、固体干燥剂吸附、溶剂吸收、膜分离。目前用的较多的是三甘醇溶剂吸收法。

(4)化学抑制剂法

通过加入天然气水合物抑制剂抑制水合物的形成或生长聚集。目前国外大多采用化学抑制法,通过化学抑制剂的作用,改变天然气水合物形成的热力学条件、结晶速率或聚集形态,从而达到保持流体流动性的目的。

10.2.5　天然气水合物抑制剂

现阶段我国天然气水合物抑制剂主要有热力学抑制剂、动力学抑制剂、防聚剂 3 类。

1)热力学抑制剂

热力学抑制剂是利用抑制剂分子或离子增加与水分子的竞争力,改变水和烃分子间的热力学平衡,使得温度平衡条件、压力平衡条件处在实际操作条件之外,从而避免水合物的形成。热力学抑制剂主要包括醇类和盐类,如甲醇、乙二醇、异丙醇、氯化钙等。

热力学抑制剂虽然可以取得一定的效果,但在生产中具有用量大、储存和注入设备庞大、污染环境等缺点。

2)动力学抑制剂(KHI)

动力学抑制剂通过显著降低天然气水合物的成核速率、延缓乃至阻止临界晶核的生成、干扰水合物晶体的优先生长方向及影响水合物晶体定向稳定性等方式抑制水合物的生成。现阶段已开发出的动力学抑制剂有:N-乙烯基吡咯烷酮(PVP)、N-乙烯基己内酰胺及前两者与 N-二甲氨基异丁烯酸乙酯的三元共聚物。

动力学抑制剂较热力学抑制剂具有剂量低的优势,但在应用中还是存在抑制活性低、通用性差、易受外界条件影响等缺点,常与热力学抑制剂结合使用。

3)防聚剂(AAS)

防聚剂是一些聚合物和表面活性剂,其特点是分子链含有大量的水溶性基团,并具有长的脂肪碳链。其作用机理是通过共晶或吸附作用,阻止天然气水合物晶核的生长或使水合物微粒保持分散而不聚集。表面活性剂则是通过降低质量转移常数,从而降低水和客体分子的接触机会来降低天然气水合物生成的速率。

其实际使用也存在一些缺陷,例如,分散性能有限,防聚剂与油气体系具有相互选择性等。从而导致防聚剂的使用具有局限性。

习 题

10.1　天然气水合物的危害有哪些?

10.2　简述天然气水合物形成的机理。

10.3　影响天然气水合物形成的因素有哪些?

第 **11** 章
原油的化学处理

世界各地油田所产原油组成及性质差别极大,特别是原油中所含有的各种表面活性物质,如环烷酸、脂肪酸、胶质、沥青质等,这些物质通过吸附在油水界面或气液表面,导致原油乳化或起泡,并对液珠和气泡有稳定作用,导致乳化原油难以破乳和起泡原油难以消泡问题,影响原油的开采、输送和后期处理,需要对这些问题加以解决。

本章主要介绍通过化学方法,改善原油起泡、乳化及降低原油输送阻力的方法。

11.1 原油消泡

11.1.1 原油泡沫形成的机理

原油主要是在油气分离和原油稳定过程中易形成泡沫,这主要是由于压力下降和温度升高,使得原油中轻质组分($C_1 \sim C_7$的轻烃类)和溶解气析出,形成气液界面,在原油中表面活性剂的作用下,形成泡沫。

原油中表面活性剂包括低分子表面活性剂(脂肪酸、环烷酸等)和高分子表面活性剂(胶质、沥青质等)。低分子表面活性剂,由于分子小,易扩散至油气表面,降低气液界面张力,使得泡沫易于形成;高分子表面活性剂虽分子较大,不易扩散,但吸附到气液界面后,易于形成牢固的界面膜,使得泡沫稳定。同时由于原油黏度较大,使得泡沫中分隔气泡的液(油)膜不易流动,导致油(液)膜排液过程较慢,而表面活性剂吸附膜的存在抑制了大小气泡间由于压力差而发生的气体扩散(气泡内压力与其尺寸成反比),故原油泡沫稳定性强。

原油泡沫的形成会严重影响油气分离和原油稳定的效果,并使计量工作难以进行。

11.1.2 起泡原油的消泡

一般采用原油消泡剂使得原油消泡,采用的原油消泡剂有:

1)溶剂型原油消泡剂

溶剂型原油消泡剂主要是低分子醇、醚、醇醚和酯。其作用机理是通过其与气液两相间的界面张力都较低,快速扩散,取代原本的油气界面,使分隔气泡液膜流动性增加,排液过程加速,导致液膜局部变薄而使泡沫破裂。

2）表面活性剂型原油消泡剂

表面活性剂型原油消泡剂主要是指一些有分支结构的表面活性剂,如聚氧乙烯聚氧丙烯丙二醇醚等。当这类消泡剂喷洒在原油泡沫上时,消泡剂分子通过取代原本存在、起稳定泡沫作用的表面活性物质后,形成不稳定的保护膜,导致泡沫破裂。

3）聚合物型原油消泡型

聚合物型原油消泡剂主要是指其与气相的表面张力和其与油相的表面张力都较低的聚合物,其消泡机理与溶剂型原油消泡剂消泡机理相同。

11.2　原油破乳

乳化原油是指以原油为分散介质或分散相的乳状液。由于乳化原油会增加泵、管线和储罐的负荷,引起金属表面的腐蚀和结垢,故乳化原油需要进行破乳作业,将水脱出。

11.2.1　乳化原油类型

1）油包水型乳化原油

油包水型乳化原油是以原油为分散介质,水为分散相的乳化原油。一次采油和二次采油采出的乳化原油大多是油包水乳化原油。稳定这类乳化原油的乳化剂主要是原油中的活性石油酸(如环烷酸、胶质酸等)和油湿性固体颗粒(如蜡颗粒、沥青质颗粒等)。

2）水包油型乳化原油

水包油型乳化原油以水为分散介质,以原油为分散相的乳化原油。三次采油(特别是碱驱、表面活性剂驱)采出的乳化原油大多是水包油型。稳定这类乳化原油的乳化剂是活性石油酸的碱金属盐、水溶性表面活性剂或水湿性固体颗粒(如黏土颗粒等)。

这两种乳化原油是基本类型的乳化原油,此外还有多重乳化原油,如油包水包油型和水包油包水型,这也是乳化原油难以彻底破乳的原因之一。

11.2.2　油包水型乳化原油的破乳

1）油包水型乳化原油的破乳方法

油包水型乳化原油的破乳方法主要有热法、电法和化学法,也可联合使用以加强作用效果。

（1）热法

通过升高温度破坏油包水乳化原油的方法。由于升温可减少乳化剂在界面上的吸附量,导致界面张力上升,同时,升温使得分散介质的黏度下降,有利于分散相的聚并和分层。

（2）电法

在高压($1.5 \times 10^4 \sim 3.2 \times 10^4$ V)的直流电场或交流电场下破坏油包水乳化原油的方法。在高压电场作用下,水珠被极化形成纺锤状,表面活性剂浓集在变形水珠的端部,使得垂直电力线方向的界面保护作用降低,导致水珠沿电力线方向聚并,引起破乳。

（3）化学法

通过化学试剂——破乳剂,使得油包水乳化原油破乳的方法。

2）油包水乳化原油的破乳剂

一般的低分子破乳剂，如脂肪酸盐、烷基硫酸酯盐、烷基苯磺酸盐、OP型表面活性剂等，可作为油包水乳化原油的破乳剂，但高效的破乳剂是高分子型破乳剂。这类破乳剂一般由引发剂（如丙二醇、丙三醇、二乙烯三胺等）和环氧化合物（环氧乙烷、环氧丙烷等）反应生成，可通过扩链剂（如二异氰酸酯、二元羧酸等）增加其分子质量。这类高分子破乳剂的结构特点是：相对分子质量高；直链或带有支链结构；以非离子表面活性剂为主。

3）油包水乳化原油破乳剂的破乳机理

低分子破乳剂基本是水溶性破乳剂（HLB值大于8），其相对于油包水乳化原油乳化剂（HLB值一般为3~6）是反型乳化剂，通过抵消作用使得乳状液破乳。

而高分子破乳剂的作用机理主要是：

①不牢固吸附膜的形成，高分子破乳剂在界面上取代原本的乳化剂后，形成的吸附层不紧密（特别是支链型的破乳剂），保护性差。

②对分散相（水珠）的桥接，高分子破乳剂可同时链接两个或两个以上的水珠，使得水珠聚集，导致碰撞、聚并的机会增加。

③对乳化剂的增溶，高分子破乳剂在较低的浓度下即可形成胶束，利用其胶束的增溶能力，将乳化剂增溶在胶束内部，导致乳化原油破乳。

11.2.3 水包油型乳化原油的破乳

1）水包油型乳化原油的破乳方法

与油包水乳化原油的破乳方法类似，水包油型乳化原油的破乳方法也有热法、电法、化学法。不同的是，电法破乳需要在中频（$1 \times 10^3 \sim 2 \times 10^4$ Hz）或高频（大于 2×10^4 Hz）的高压交流电场下进行（由于水导电，故电极的一端须为绝缘的），通过干扰乳化剂在界面吸附的定向排列而导致破乳。

2）水包油型乳化原油的破乳剂

有4类破乳剂，即电解质、低分子醇、表面活性剂和聚合物。

电解质有盐酸、氯化钠、氯化镁、氯化钙、硝酸铝等。

低分子醇有甲醇、乙醇、丙醇、己醇、戊醇等。

表面活性剂包括阳离子表面活性剂和阴离子表面活性剂。

聚合物一般为阳离子及非离子聚合物。

3）水包油型乳化原油破乳剂的破乳机理

电解质主要通过影响油水两相极性差导致乳化剂在界面上重排，同时减少油珠表面的负电性，使得乳状液破乳。

低分子醇类通过改变油水极性差，使得乳化剂在油水两相内移动，改变原本的界面平衡，使得乳状液破乳。

表面活性剂通过与乳化剂反应（阳离子表面活性剂）、形成不牢固的吸附膜（带支链结构的阴离子表面活性剂）、抵消作用（油溶性表面活性剂）使得乳状液破乳。

聚合物中非离子聚合物通过桥接作用破乳，而阳离子聚合物除了桥接作用外还可中和油滴表面负电荷。

11.3　原油降凝、降黏和减阻

为改善长距离管道输送原油的流动状况,原油凝固点的降低(降凝)、降黏和原油管输阻力的减小(减阻)是原油集输中的两个重要问题,用化学方法解决这些问题,效果显著。

11.3.1　化学降凝

原油(含蜡)流动性下降甚至丧失主要是由于在低温下析出片状和针状的蜡晶,这些蜡晶互相结合、形成体型结构,并将原油中的重要组分(胶质、沥青质等)、油泥等吸附在其周围,或包裹在体型结构中形成蜡膏状物质。

在原油中加入降凝剂可通过改变蜡晶形态(注意,并不能抑制蜡晶析出),在原油浊点不变的情况下,受一定的剪切力作用后,蜡晶结构易于被破坏或无法形成体型结构,从而增强了原油的流动性。

化学降凝法,除了可以降低原油凝固点、改善原油流动性外,还可用于高含蜡原油的常温、低温输送和改善原油停输再启动。

1)降凝机理

降凝剂分子可通过与石蜡的相互作用来影响原油中蜡晶的形成和生长,在宏观上起降低含蜡原油的凝点、改善其低温流动性。目前,已知的原油降凝剂与石蜡作用的机理与防蜡剂作用机理类似,主要有以下 4 种:

(1)成核理论

降凝剂分子在油品的浊点前析出,作为晶核诱导蜡晶发育,使油品中蜡晶增多、分散,不易形成体型结构,达到降凝目的。

(2)吸附作用理论

降凝剂在略低于原油析蜡点的温度下结晶析出,吸附在已析出的蜡晶上,扭曲晶型,改变蜡晶的表面特性,阻碍蜡晶生长形成体型结构。

(3)共晶作用理论。

降凝剂与蜡晶共同析出,长烷基侧链与蜡共晶,极性基团则阻碍蜡晶进一步长大。

(4)增溶作用理论

降凝剂具有一定表面活性,可增加石蜡在原油中的溶解度,使析蜡量减少,同时增加蜡的分散度,不利于蜡晶聚集形成体型结构。

由于原油中石蜡和所加入的降凝剂分子结构类型多样且分子量分布范围相当宽,同时,石蜡晶体成核和生长是连续过程,故上述作用均可能发生。

2)降凝剂

目前,降凝剂品种较多,主要是含乙烯单元衍生物的均聚或共聚物:

①EVA,$[CH_2CH_2]_m[CH_2CH(OCOCH_3)]_n$。一般相对分子质量为 $(1 \sim 2.8) \times 10^4$、酯量为 25% ~ 45% 的 EVA 都有降凝作用。

②聚乙烯类(PE),直链 PE(两条支链,1 000 个碳原子,相对分子质量为 $10^4 \sim$)降凝效果好。

③丙烯酸酯类聚合物及其共聚物,结构式为$[CH_2CH(COOR)]_n$,其中 R 为 $C_{14\sim30}$。

④马来酸酐/酯/酰胺类聚合物及其共聚物。

⑤其他降凝剂:聚环氧酯、乙烯-顺丁烯二酸高碳酯共聚物、高级脂肪酸乙烯酯等。

11.3.2　化学降黏

稠油的胶质、沥青质分子含有可形成氢键的羟基、巯基(—SH)、氨基、羧基、羰基等,故胶质分子之间、沥青质分子间及二者间有强烈的氢键作用,进而形成网状结构,导致原油的黏度较高。

一般而言,加入降凝剂时黏度会有一定的降低,这主要是由于降凝剂使得石蜡体型结构被抑制,由石蜡引起的结构黏度降低。而专门性的降黏剂是通过其分子借助其形成氢键能力较强及其渗透、分散能力较强,进入胶质、沥青质片状分子间,拆散其内部结构,降低原油黏度,主要有聚乙烯类聚合物,如乙烯-醋酸乙酯共聚物、马来酸酯的聚合物等。

11.3.3　减阻输送

原油在管道运输过程中,随着管道摩阻的增加,原油层流部分逐渐减少,紊流逐渐增加,而紊流状态下,大量的能量被消耗在涡流和其他随机运动中,原油的内摩擦使得动能转化为热能,导致管输能量大量被消耗,流体的压力损失也迅速增加。

加入长链梳状聚合物——减阻剂,可抑制紊流的发生,其分子链顺流向自然拉伸,当受到剪切力作用产生紊流倾向时,减阻剂分子在流体作用下卷曲、变形,将能量储存,一旦剪切力消失,减阻剂分子恢复拉伸状态,释放能量,从而减少流体的涡流和其他随机运动,降低摩阻损失。

习题

11.1　原油起泡的原因是什么?

11.2　消泡机理有哪些?

11.3　油包水乳化原油破乳方法有哪些?

11.4　水包油乳化原油破乳机理有哪些?

11.5　原油降凝和降黏有何异同?

参考文献

[1] 陈大钧,陈馥,等.油气田应用化学[M].北京:石油工业出版社,2006.

[2] 付美龙,陈刚,等.油田化学原理[M].北京:石油工业出版社,2015.

[3] 黄俊英.油气水处理工艺与化学[M].东营:中国石油大学出版社,1993.

[4] 敬加强.高凝高粘原油流变性及其降凝降粘机理研究[D].南充:西南石油学院,1999.

[5] 罗塘湖.含蜡原油流变性及其管道输送[M].北京:石油工业出版社,1991.

[6] 黄宏度,等.驱油剂石油羧酸盐的研制[J].油田化学,1991,8(3):35-239.

[7] 孙树棠,等.三元复合驱提高油田采收率实验进展[J].国外石油工程,1992(3):1-8.

[8] 鄢捷年.钻井液工艺学[M].东营:中国石油大学出版社,2000.

[9] 杨普华,杨承志.化学驱提高石油采收率[M].北京:石油工业出版社,1988.

[10] 杨承志,韩大匡.化学驱油理论与实践[M].北京:石油工业出版社,1988.

[11] 杨贤友.保护油气层钻井完井液现状与发展趋势[J].钻井液与完井液,2000,17(1):25-30.

[12] 赵福麟.油田化学[M].东营:中国石油大学出版社,2010.

[13] 赵国玺.表面活性剂物理化学[M].北京:北京大学出版社,1996.

[14] 孙明波,侯万国,等.钾离子稳定井壁作用机理研究[J].钻井液与完井液,2005,22(5):7-9.

[15] 王卫军,刘风杰,权艳梅,等.CX-18 防气窜剂的研制与应用[J].西安石油学院学报,1996,11(5):50-51.

[16] 李兆敏,孙茂盛,等.泡沫封堵及选择性分流实验研究[J].石油学报,2007,28(4):115-118.

[17] 赵娟,戴彩霞,等.水玻璃无机堵剂研究[J].油田化学,2009,26(3):269-272.

[18] 崔志昆,王业飞,等.一种新型选择性堵水技术及其现场应用[J].油田化学,2005,22(1):35-37,41.

[19] 李红林,蒋晓慧,等.两种双吡啶盐在盐酸中对 A3 钢的缓蚀性能[J].油田化学,2005,22(1):42-43,84.

[20] 刘新全,易明新,等.黏弹性表面活性剂压裂液[J].油田化学,2001,18(3):273-277.

[21] 周继东,朱伟民,等.二氧化碳泡沫压裂液研究与应用[J].油田化学,2004,21(4): 316-319.

[22] 徐艳伟.脲醛树脂固砂工艺技术在文留油田的应用[J].油田化学,2001,18(3): 196-198.

[23] 宋显民,孙成林,等.酚醛树脂防砂与改性树脂固砂[J].石油钻采工艺,2002,24 (6):57-60.

[24] 赵修太,李鹏,等.注水井涂覆砂防砂用纤维的研制与应用[J].钻采工艺,2005,28 (6):93-95.

[25] 岳大伟.聚氨酯涂层油管用于油井防蜡[J].油田化学,2008,25(3):207-209.

[26] 肖中华.原油乳状液破乳机理及影响因素研究[J].石油与天然气学报,2008,30 (4):165-168.

[27] 张中洋,娄世松,张凤华.丙烯酸改性破乳剂的合成[J].石油与天然气化工,2008,37 (6):507-509,542.

[28] Bartose M,Mennela A,Lockhart T P. Polymer Gel for Conformance Treatments:Propagation of Cr(Ⅲ)Crosslinking Complexes in Prous Media. SPE27828,1994(4):17-20.

[29] Lockhart T P. A New Gelation Technology for In-Depth Placement of Cr(Ⅲ)/Polymer Gel in High-termperature Reservoirs. SPE24194,1992,22-24.